2013年度北京市教育委员会社科计划面上项目（SM2

2013年北京市级专业建设——专业综合改革试点项目

The Pursuit of Happiness

追寻幸福

张杉杉／著

经济管理出版社

ECONOMY & MANAGEMENT PUBLISHING HOUSE

图书在版编目（CIP）数据

追寻幸福/张杉杉著 . —北京：经济管理出版社，2015.6
ISBN 978-7-5096-3707-4

Ⅰ.①追… Ⅱ.①张… Ⅲ.①幸福—通俗读物 Ⅳ.①B82-49

中国版本图书馆 CIP 数据核字（2015）第 071490 号

组稿编辑：郭丽娟
责任编辑：郭丽娟 郑 亮
责任印制：司东翔
责任校对：雨 千

出版发行：经济管理出版社
　　　　　（北京市海淀区北蜂窝 8 号中雅大厦 A 座 11 层 100038）
网　　址：www.E-mp.com.cn
电　　话：（010）51915602
印　　刷：北京晨旭印刷厂
经　　销：新华书店
开　　本：720mm×1000mm/16
印　　张：10.5
字　　数：160 千字
版　　次：2015 年 6 月第 1 版 2015 年 6 月第 1 次印刷
书　　号：ISBN 978-7-5096-3707-4
定　　价：35.00 元

人生的智慧就是尽量幸福愉快地度过一生的艺术。

——叔本华

前　言

　　幸福是个谈不完的话题，作为心理学专业的博士毕业生、高校教师，同时作为母亲，这些角色将我的专注点集中在个体微观层面的幸福起源及行为表现。

　　从逻辑初衷而言，我尝试着从意义感和快乐感两个角度对幸福进行分析，我希望幸福是充实的，既有意义又能快乐，但这个理想似乎有些浪漫。那么，我还是希望人要有些精神，能够为了一些本体价值而暂时地放弃一些本能的快乐，但这个期望似乎也有些不切实际。

　　更多的现实展示出这样一个场景：个人被表面的物质化幸福指标牵引向前，灵魂游离于自身外部，跟着外人的评价欢呼雀跃而感受幸福、快乐；人们在和别人的比较中获得心理安慰，安放自己在幸福评价指标上的位置；在飞速变化的社会中，人的非理性思考占据上风，期望、欲望均倾向于物质化等容易衡量的事物，内心的感受或者说抽象的意义感被忽视。可以说，本书的一半内容都是讲在这个急速转型社会下个体幸福的微观表现。

　　10年的心理学专业训练、多年的教学经验和作为母亲的历练，让我毫不质疑地相信以下观点：个体心理（包括幸福）的发展受到家庭、学校教育和社会的系统影响。因此，本书还就教育因素和社会因素的影响进行了描述。我希望教育是"全人"式的，不希望看到那么多朝气蓬勃的孩子经过我们的教育逐步成为考试的附庸。我还记得那个场景：堂妹（小学6年级）和堂兄（初中2年级）过年时千里迢迢跑去爷爷奶奶家欢聚。妹妹开始聊天后的第一个话题竟然是问哥哥成绩，然后妹妹不解地贴近我提出如下问题："他成绩不好怎么还能那么高兴呢？"（估计大家猜出来了，我是那个成绩不够理想的哥哥的母亲）我愕然！什么时候学习成绩成了一个孩子快乐与否的依据！媒体、社会也在不断地"晒幸福"，晒的内容多是名包、名表、豪车、豪宅，嫁入豪门的千万婚礼！这和幸福是什么关系？人当然希望过舒适、安逸、达到财务自由的生活，但它们就是幸福吗？

幸福的表现形式随着社会的改变而不断变化，但幸福的内核不变。你要在迅速变化的社会中做出怎样的选择？为了幸福，全身心地投入到你的爱里，幸福就会陪伴在你的左右。

目　录

幸福的概念是如此模糊，以致虽然人人都想得到它，但是，却谁也不能对自己所决意追求或选择的东西说得清楚明白、条理一贯。

——康德

第一章

完满的幸福

2014 年的春节，我们全家去张家界游玩。在黄龙洞洞内，溶洞导游阿妹指着两个很小的洞口说："这个是长寿门，那个是幸福门，你们想要哪个就从哪个洞口钻过去吧！"游客笑成一团，很快就在幸福门前排起了长队，这个 50 多人的临时团队成员无一例外地选择了幸福门。

由此可见，幸福在我们心目中占有多么重要的地位！它似乎再一次向我们展示了一个不证自明的公理：追求幸福和快乐是人的天性，如果没有幸福，长寿并没有那么吸引人；只有幸福才是人们在生活中追求的。

每个人都追求幸福，一部人类的发展史就是幸福观念的变迁史。Robert Owen① 曾经说过，"人类的一切活动的目的一般都在于幸福"。千百年来，很多学科都探讨过幸福，但幸福更多被归于宗教、哲学和老百姓的常识。"你幸福吗？"作为一个时尚问题受到大众的关注，但怎样才能称之为"幸福"？不同历史时期，不同哲学派别的人，对幸福给出了不同的答案。翻开认识史，可以看到对幸福问题有各种各样的回答，有的甚至相互矛盾，大相径庭。

---

① 罗伯特·欧文（Robert Owen，1771~1858），英国空想社会主义者，企业家、慈善家，现代人事管理之父，人本管理的先驱。

苏格拉底①说："人类最大的幸福就在于每天能谈谈道德方面的事情。无灵魂的生活就失去了人的生活价值。"亚里士多德②进一步发展了该观点，言简意赅地指出"幸福就是至善"。德谟克里特斯③强调"真"，认为人类之所以感到幸福，并不是因为身体健康，也不是因为财产富足；幸福的感受是由于心多诚直，智慧丰硕。他说："如果你想获得幸福和安宁，那就要越过层层的障壁，敲起真理的钟前进。"拉美特利④进一步指出："有研究的兴味的人是幸福的！能够通过研究使自己的精神摆脱妄念并使自己摆脱虚荣心的人更加幸福。"当然也会有人更注重善，密尔⑤强调在诸多可致幸福的手段中，唯有德行具有至上的价值，他说："美德，根据功利主义理论，本来不是自然而然原有的一部分目的，但是可能成为如此，而且，其所以被欲求、被珍惜，不是由于它们是幸福的手段，而是它们已经成为了幸福的一部分。"凡此种种，不一而足。时至今日，人们也没弄明白幸福究竟是什么，以至于对这样一个所有人高度趋同的追求，其理解却是那样的莫衷一是！

幸福的概念

幸福在英文中对应几个词汇，一个是大家比较熟悉的 Happiness，通用于各种场合；另一个是在学术界应用更为广泛的 Well-being。Well-being 由两个词构成：being 的含义丰富，可以指个体或个体的本质，也可以指个体存在的

---

① 苏格拉底（Socrates，公元前 469~公元前 399）是著名的古希腊哲学家，他和他的学生柏拉图及柏拉图的学生亚里士多德被并称为"希腊三贤"。他被后人广泛认为是西方哲学的奠基者。

② 亚里士多德（Aristotélēs，公元前 384~公元前 322），古希腊哲学家，柏拉图的学生、亚历山大大帝的老师。他的著作包含许多学科，包括了物理学、形而上学、诗歌（包括戏剧）、音乐、生物学、动物学、逻辑学、政治、政府及伦理学。亚里士多德的著作是西方哲学的第一个广泛系统，包含道德、美学、逻辑和科学、政治和玄学。

③ 德谟克里特斯（Democritus，约公元前 460~公元前 370），古希腊哲学家，原子唯物论的创立者。

④ 朱利安·奥夫鲁瓦·德·拉美特利（Julien Offroy De La Mettrie，1709~1751），法国启蒙思想家、哲学家。

⑤ 密尔（John Stuart Mill，1806~1873），19 世纪英国哲学家，经济学家，逻辑学家，实证主义和功利主义的著名代表。旧译穆勒。

状态；而 Well 对个体的存在状态进行了界定，因此 Well-being 的直译应该是个体"良好的存在状态"。基于"存在状态良好，个体就处于幸福状态"的逻辑推理，大量的研究已经约定俗成地将 Well-being 翻译为幸福感，所以我们这里本着尊重现实的态度也将其翻译为"幸福感"。那么，个体怎样才可以称为处于良好状态？怎样才能称之为"幸福"？

自从 1973 年幸福感（Happiness）作为检索术语被列入《国际心理学摘要》后，心理学界开始更多地考虑幸福的定义。现有在个体层面的幸福研究大体遵循两大哲学脉络：快乐论（Hedonic）和实现论（Eudemonia）。

快乐论

快乐论以享乐主义为基础，将愉悦心理和身体同样对待，代表人物主要有 Diener、Kahneman 等。他们认为"幸福"以主观幸福感（Subjective Well-being, SWB）为核心[1]（Kahneman，1999；Ryan、Deci，2001），而这种感受依赖于个体自身感受，是高度个人化的，具有特定文化性，他们的研究在一个广泛的范围内关注个体愉悦和不愉悦的体验，其分析包括了对生活中好的和坏的成分的所有判断。近十几年中，许多研究者都将 SWB 作为"幸福"的主要输出变量（Diener、Lucas，1999）。Andrews 和 Withey 1978 年提出幸福由三个成分组成：积极情感、消极情感、生活满意度。这一概念在随后的研究中得到越来越多的支持。Kahneman（1999）以此为基础编制了主观幸福感测量问卷，该问卷由三方面组成：生活满意度（Life Satisfaction）、积极情绪水平（Positive Emotion）、消极情绪水平（Negative Emotion），从人们具有较高的生活满意度、较高的积极情绪和较少的消极情绪推断个体的幸福水平。

实现论

与快乐论不同，实现论提出一个和"主观幸福感"相对的概念：心理幸

---

[1] Kahneman D., Diener E., Schwarz N. Well-Being: The Foundations of Hedonic Psychology [M]. New York: Russell Sage Found, 1999.

福感（Psychology Well-being，PWB），从人的发展角度理解和诠释幸福感。该观点认为：有些人的需要只是主观感受，它们的满足使个体得到片刻的欢愉；有些人的需要根植于人的本性，它们的实现有助于人类的成长，并使个体充分实现潜能。换句话说，有必要在单纯主观感受的需要和客观有效的需要之间加以区分，前者对个人成长有阻碍作用，而后者和人类本性的需要相一致（Fromm，1981）。其代表人物主要有 Ryff、Deci、Ryan。Ryff（1995，1998）认为幸福并不是纯粹的主观体验，个体获得幸福必须在更为广阔的范围强调充分发挥个人潜能与实现个人发展，而对它的测量也就相应地出现以下 6 种指标：自主（Autonomy）、个人成长（Personal Growth）、自我接纳（Self-acceptance）、生活目的（Life Purpose）、情境把握（Environmental Mastery）、与他人的积极关系（Positive Relatedness）。与 Ryff 不同，Ryan 和 Deci（1985，2002）把 PWB 看作一系列积极变量，包括自我实现（Self-actualization）和生命活力（Vigor）等，而将自主（Autonomy）、积极的人际关系（Positive Relation）看作是促进幸福感的要素。马丁·塞利格曼①更是综合了幸福的相关研究内容提出幸福 2.0 理论，指出幸福是一个概念，包括 5 个元素（即 PERMA）：积极情绪（快乐、生活满意度都在其中）、投入、人际关系、意义和目的、成就。

尽管各有侧重，实现论都强调人的潜能开发，以此为基础可以推测：并不是所有的需要（一个人可能认为有价值的结果）在得到满足的时候都能够有助于个体达到状态良好的水平。换句话说，从幸福说的角度，主观幸福感并不等于"幸福"。

究其本质，主观幸福感和心理幸福感两种研究取向显示出研究者对人性主观和客观、感性和理性的认识，有关幸福感的哲学思考和研究者对幸福感的实证研究结论遥相呼应。以主观幸福感为代表的快乐论通常站在经验的角度将自然属性看作是人的本性，强调"快乐即幸福"。但细致研究 SWB 和 PWB 会发现，截然相反的两个流派在具体观点中有其共同点。最为典型的是，快乐论下

---

① 马丁·塞利格曼（Martin E. P. Seligman，1942~ ），美国心理学家，曾获美国应用与预防心理学会的荣誉奖章，终身成就奖。1998 年当选为美国心理学会主席。

属两个学派：感性快乐派和理性快乐派，前者认为幸福就是感观的快乐，后者主张快乐来自于理性，这种观点和心理幸福感的潜能开发含义殊途同归。

单纯从测量学的角度进行分析，Waterman（1993）的研究表明，从幸福中可以提取两种成分：一种是享乐（Hedonic Enjoyment）的幸福，指在活动中体验到自己的生活或心理需要得到满足；另一种是人格展现（Personal Expressiveness）的幸福，指个体全身心地投入到与自身深层价值最相匹配的活动中，从而使潜能得以充分发挥，进而达到自我实现的境界，得到实现自我的愉悦。Compton（1996）指出，SWB、PWB 都有局限性，SWB 反映了"快乐感"（Feeling Happy），PWB 反映了"意义感"（Doing Well）。McGregor（1998）得到了相似的结论，他在分析了一系列心理健康指标后，从中发现了两个因素，一个反映了快乐感，另一个反映了意义感。

总之，大量的研究表明，幸福感的最佳结构应该包括"快乐"与"实现"两个概念体系中的多维复合结构（Compton，1996），在追求个人目标时，幸福感和意义感可以是相互联系的。

幸福的双维模型

幸福的钟摆模型

苏格拉底有句名言："世界上有两种人，一种是痛苦的人，一种是快乐的猪。"为简单起见，我们可以把这种幸福观称为"钟摆模型"。以此模型为基础，一个问题应运而生：是做快乐的猪还是做痛苦的人？他的选择是"做痛苦的人，不做快乐的猪"。在苏格拉底看来，"有思想和要快乐是背离的"，如图 1-1 所示，"快乐"和"意义"不可兼得。的确，猪在有东西吃的时候会快乐地"哼哼"，但那种快乐似乎过于卑微。而在追求真理的过程中，人们总是充满着对生命和环境的质疑，想要获取人间的至真至善、享受美，就要抵御外界干扰、抵制环境诱惑，放弃世俗的快乐，凡此种种对所有人都是一种痛苦，如在印度已有数千年历史的苦行僧。"苦行"一词，梵文原意为"热"，因为印度气候炎热，宗教徒便把受热作为苦行的主要手段。这些苦行僧忍受着常人认为是痛苦的事，如长期断食甚至断水、躺在布满钉子的床上、行走在火热的木炭上、忍耐酷热严寒等。他们为什么要这样做？印度教认为，人需要经过多次轮回才能进入天堂，得到神的关照，而苦行是此生就得到神谕和真经的捷径。这种行为的意义感促使苦行僧心甘情愿经受痛苦，并拥有了他们想要的幸福。

图 1-1　幸福的钟摆模型

苏格拉底的这种钟摆式的"或者是快乐的猪，或者是痛苦的哲学家"的非左即右的二选一选择题代表了古人对幸福的看法，而先哲的选择偏好相当一致。《论语》中有一句话："贤哉！回也。一箪食，一瓢饮，在陋巷。人不堪其忧，回也不改其乐。"说明孔子相当欣赏颜回不受制于外界贫乏物质条件的自得其乐。赫拉克利特①说："如果幸福在于肉体的快感，那么就应当说，牛找到草料吃的时候是幸福的。"杜甫②说："安得广厦千万间，大庇天下寒士俱

① 赫拉克利特（Heraclitus，约公元前530～公元前470）是一位极富传奇色彩的哲学家，爱菲斯学派的代表人物。
② 杜甫（712～770），字子美，汉族，唐朝河南巩县（今河南郑州巩义市）人，自号少陵野老，唐代伟大的现实主义诗人。

欢颜。"爱因斯坦①说:"人们所努力追求的庸俗的目标——财产、虚荣、奢侈的生活,我总觉得都是可鄙的。"张志新②说:"如果痛苦换来的是结识真理、坚持真理,就应自觉地欣然承受,那时,也只有那时,痛苦才将化为幸福。"但坦率地讲,这些都是贤人,甚至被人称为异类,我们世俗之人往往将其看成是珍稀动物,带着尊敬和惊奇的混合感情。这也从一个侧面表现了一般民众对个人追求纯粹"意义"的态度:敬而远之,他们想要的就是世俗的快乐。

在我看来,康熙的"天下第一福"精准地概括了世俗对快乐的理解,有了这些快乐人就有福了,就幸福了。要想讲清楚这个问题,先要啰唆一个一直被人津津乐道的故事。

康熙帝8岁登基,9岁丧母,由祖母孝庄皇太后一手抚养长大,祖孙二人的感情非同一般。几位辅政大臣之间相互猜忌,唯有太皇太后是小皇帝最大、最可靠的支持者。在祖母的帮助下,康熙帝擒鳌拜、平三藩,开创出了一番盛世景象。然而,就在他意气风发的时候,孝庄皇太后却重病缠身,太医们也束手无策。据说,康熙帝查知上古有"承帝事"请福续寿之说③,遂决定为祖母请福。在沐浴斋戒三日之后,康熙帝化孝心于笔锋,一气呵成震烁古今的"福寿"连体字,并加盖了"康熙御笔之宝"印玺,取意"鸿运当头、福星高照,镇天下所有妖邪"。自得到这"福"字后,孝庄皇太后的身体竟奇迹般康复。有感于皇帝的一番苦心和孝心,也为了永久保存这世上独一无二的"福"字,孝庄皇太后命人将其刻于石碑上,日夜抚摸,祈求多福。她最终以75岁的高龄离世,民间俱称这是康熙"请福续寿"带来的福缘。

---

① 阿尔伯特·爱因斯坦(Albert Einstein,1879~1955),德国物理学家。相对论的奠基者,20世纪最重要的物理学家之一。

② 张志新(1930~1975),女,革命烈士,被"四人帮"一伙定为"现行反革命",1975年4月4日惨遭杀害,年仅45岁。

③ 意为真命天子是万福万寿之人,可以向天父为自己"请福续寿"。

康熙所书的这个"福"字，如图1-2所示，不同于民间常用的饱满方正，字形窄而狭长，为瘦（音谐"寿"），民间称之为"长瘦福"。此福字右半部正好是王羲之《兰亭序》中"寿"字的写法，成为现存历代墨宝中唯一将"福"、"寿"写在同一个字里的福字，被民间称为"福中有寿，福寿双全"。由于其上加盖了"康熙御笔之宝"的印玺，因此也成为了中国乃至世界唯一一枚不可倒挂的"福"字。更让人叫绝的是，此福与民间称作"衣禄全、一口田"的福字截然不同，其间包括了数个汉字，如图1-3所示，右上角的笔画像个"多"字，下边为"田"，而左偏旁极似"子"和"才"字，右偏旁像个"寿"字，故整个"福"字又可分解为"多子、多才、多田、多寿、多福"，巧妙地构成了福字的含义，孝庄皇太后称其为"福之本源"，民间则称其为"五福之本、万福之源"。

图1-2 "福寿"连体字拓片

图1-3 "福寿"连体字解析

　　漫漫历史长河，尽管一直有少数精英分子追求"意义感"，并认为"劳心者治人，劳力者治于人"，但由于客观生活环境的限制，整个社会识字率不高（即使在 1675 年，世界上最有文化的英国，其男性的识字率也才只有 40%[①]），文字本身就代表知识和学识，代表阳春白雪，代表小众精英，他们的文字也不会被劳苦大众听到，劳苦大众文盲居多，每天为了生存疲于奔命，如果有"一亩田三分地，老婆孩子热炕头"就能"快乐"满足，自得其乐。因此，在相当长的时间里，幸福的钟摆模型能够很好地解释两种很有代表性的幸福观，并各得其所、相安无事。

　　随着社会的发展，人类文化水平的提高，钟摆模型中意义感和快乐感两维度被保留下来，但二者不能并存的特征受到质疑，我想世俗如我之大众大多不会随着知识水准的提高，走向苏格拉底单纯的意义感。信佛、信教的不少，在学术苦海泛舟的人也不在少数，但有多少人会去做苦行僧，大多数人哪个不想要享乐，不想要康熙向我们展示的各种快乐？正如沙哈尔博士[②]所言："一个幸福的人，必须有一个明确的、可以带来快乐和意义的目标，然后努力地去追求。真正快乐的人，会在自己觉得有意义的生活方式里，享受它的点点滴滴。"沙哈尔博士以汉堡为形象总结出了四种幸福模式。第一种汉堡口味诱人，但却是标准的"垃圾食品"。吃它等于是享受眼前的快乐，但同时也埋下未来的痛苦。用它比喻人生，就是及时享乐，出卖未来幸福的人生，即"享乐主义型"。第二种汉堡口味很差，里边全是蔬菜和有机食物，吃了可以使人日后更健康，但会吃得很痛苦。牺牲眼前的幸福，为的是追求未来的目标，他称之为"忙碌奔波型"。第三种汉堡既不美味，吃了还会影响日后的健康。与此相似的人，对生活丧失了希望和追求，既不享受眼前的事物，也不对未来抱期许，是"虚无主义型"。第四种汉堡又好吃又健康，即"幸福完满型"汉堡。一个幸福的人，是既能享受当下所做的事，又可以获得更美满的未来。借

---

　　① 尼尔·波斯曼. 娱乐至死［M］. 桂林：广西师范大学出版社，2010.

　　② 泰勒·本·沙哈尔博士（Tal Ben Shahar, Ph. D.），毕业于哈佛大学，他拥有心理学硕士、哲学和组织行为学博士学位，10 年来他专门从事个人和组织机构的优势开发、自信心及领袖力提升的研究。

助于此，我们可以将幸福划分为有关"快乐感"和"意义感"的两维度四类型，如图 1-4 所示。

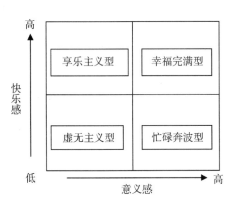

图 1-4　幸福的四类型划分模式

幸福的花心模型

现在的问题是，我们已经否定了"快乐"和"意义"古人关于二者不能兼得的观点，那么两者的关系就是并列的关系吗？换句话说，"意义"对于一般大众意味着什么？一般大众真的可以远离意义吗？

先看一组数据。我们中国是自杀高发国家，原卫生部 2010 年公布的数据显示，全国自杀率为 6.86/10 万，自杀人数在 2003 年约 25 万人、2005 年已经发展成为约 29 万人（其中女性约 15 万人），其中以 15～35 岁的年轻人为主，自杀已成为中国年轻人最主要的死亡原因。进而，对每个国家的调查均显示，在青春期，个体的自杀意念明显增加。Joiner（2005）提出的自杀的人际关系理论（Interpersonal Psychological Model）指出，有自杀行为的个体存在高水平的自我感知累赘（能感觉到自己对他人来说是一个累赘）和低水平的归属感（即感觉疏远了），如果这种状态不会发生改变进而绝望，就会导致自杀愿望强烈（如自杀意念）。显然，自我感知累赘、低水平的归属感都是意义感的反面。这组年年不断增长的数据似乎在强调"意义感"在普通人身上不可或缺的作用。

弗兰克尔①这样告诉我们：

人类对生命意义的追求是其主要的动机，而不是什么本能驱动的"次级合理化"。这种生命的意义是独特的，因为只是而且只能是由特定的某个人完成。也只有这样，他才能满足了自己追求意义的独特愿望。一些学者认为，意义和价值"不过是心理防御机制的反向形成和升华法而已"。但在我看来，我就不愿意单单为自己的"心理防御机制"而活着，不愿意为了自己的"反向形成"而送死。人，能够为了自己的理想和价值而活，甚至为此付出生命。

弗兰克尔将人"理解生存的目的与意义、揭示自己生存的秘密"的动机称作"探求意义的意愿"。弗兰克尔认为动物知道寻找快乐与征服，却不懂生存的意义；人的本性在于探求意义。由于"探求意义的意愿"是人的主要动机，因此，倘若在现实生活中这一内在的欲求受到阻碍，就会引起人的心理障碍。

密尔曾这样描述了他的空虚状态：

"自从1821年冬天我第一次读到边沁的著作起……我对生活可以说有了真正目标，就是做一个世界的改造者。我把这个目标看作个人幸福的所在。……但是到1826年秋天，那样的时刻终于来到，我犹如从梦中醒来。……我不禁自问：'假如生活中的所有目标完全实现，假如你所向往的全部制度和思想的改变就在这个时候完全实现，你会觉得非常快乐和幸福吗？'一种不可遏制的自我意识明确地回答'不'！至此，我的心下沉，我生活所寄托的整个基础崩溃。我全部幸福原是对这个目标的不断追求，现在这个目标已失去吸引人的力量，追求目标的手段还有什么意义可言呢？生活对我似乎是一片空虚。"

他从自身经验出发，告诉了我们一个道理：没有意义的快乐不足以让人得到幸福，意义是促使人们获取幸福的必要条件。他还假设一种情境：一边是强

---

① 维克多·埃米尔·弗兰克尔（Viktor Emil Frankl M. D.，1905～1997），美国临床心理学家，是享有盛誉的存在—分析学说的领袖。他所发明的意义治疗（Logotherapy）是西方心理治疗的重要流派。

烈的快乐，另一边是长期的高层次的快乐，他认为如果让人们做出选择，大多数人都会更倾向于选择能够带来更高层次快乐的一边。

当然，有心并不代表一切。强调"意义感"对人的必要性，并不意味着我们要当苦行僧，我们相信个体在寻求意义感的同时，也应该可以寻找自己的快乐。人毕竟有动物的本能，趋乐避苦是人的天性，边沁①就提出：我们都被痛苦和快乐所控制，它们是我们的主宰。当我们遇到符合我们天性中让我们舒适和快乐的事物，我们就会自然而然地知道怎样做会让我们舒适。甚至从追求享乐的角度，我们都可以将社会的发展历史看做人类追求舒适的过程：没有想要舒适的环境，我们如何想到硬化地面、防止泥泞，发明各种家用电器；没有想到便捷，我们如何想到发明电报、电话、电脑以及多媒体。但在追求"娱乐至死"的过程中，还是有人意识到：纯粹娱乐的内核如果没有意义，人不会持久地感到快乐，也就不会幸福。

总之，上述的幸福观点和苏格拉底的"钟摆模型"不同。在钟摆模型中，尽管苏格拉底更欣赏"意义感"，但整体而言他还是认为意义感和快乐感是相对独立存在的，人们会做出或左或右的选择。但穆勒、弗兰克尔的观点与此不同，他们强调"意义感"的重要地位，弗兰克尔说"知道为什么活的人，便能生存"，突出了"意义"在人生中的价值，认为个体要生存，"意义感"必不可少，幸福是以意义为轴心的，快乐依附于意义，只有在意义的孕育下，快乐之花才能绽放，我们将这种幸福观点称为幸福的"花心模型"，如图 1-5 所示。花心模型将幸福中的"意义"和"快乐"进行了整体归纳，乐观地认为在理论上存在一种完满的幸福——不仅快乐而且有意义的、由内向外散发出来的幸福。其中，花心（即意义感）以"自我成长"为核心，花叶（快乐）以即时的"趋乐避苦"为要义。

---

① 杰里米·边沁（Jeremy Bentham，1748~1832）是英国的法理学家、功利主义哲学家、经济学家和社会改革者。

图 1-5　幸福的花心模型

幸福的多维模型

在以"快乐—意义"两个维度为基础的双维模型基础上，很多幸福学家提出更为复杂的多维模型，其中以"积极心理学"之父马丁·塞利格曼[①]为代表。在《真实的幸福》[②] 一书中，塞利格曼将"幸福"划分为三个维度：快乐、投入、意义，在上文的"快乐"和"意义"维度基础上，添加了"投入"维度；在《持续的幸福》[③] 中他又扩展了这一概念，认为幸福应该包括五个元素（PERMA），即积极的情绪（Positive Emotion）、投入（Engagement）、关系（Relationships）、意义和目的（Meaning and Purpose）及成就感（Accomplishment）。这五个维度的基本含义相当明确，我们这里就不再展开赘述，塞利格曼认为每个维度的幸福都是好的，但是将浅层次的快乐转化为深远的满足感和持久的幸福感是一件益处更大的事情。也就是说，他也认为幸福的五大维

① 马丁·塞利格曼（Martin E. P. Seligman，1942~），美国心理学家，曾获美国应用与预防心理学会的荣誉奖章，终身成就奖。1998 年当选为美国心理学会主席。
② 马丁·塞利格曼. 真实的幸福［M］. 洪兰，译. 沈阳：万卷出版公司，2010.
③ 马丁·塞利格曼. 持续的幸福［M］. 赵昱鲲，译. 杭州：浙江人民出版社，2012.

度是分层次的、有浅有深，和上文的花心二维模型有相通之处。

幸福的层次

　　幸福作为一个很古老又很现代的话题，即使那些最善于用抽象的、精确的、高度概括的科学术语描述客观事物的哲学家、科学家们也无法为大家献上一个为绝对多数人所认可的最理想的、科学的答案。回顾以往对幸福的描述，在古希腊、古罗马奴隶制时代，幸福论具有明显朴素的自然主义特征，通常会把幸福问题同人们的现实生活、物质利益联系起来，把幸福归结为某一种或几种能够使人得到快乐的行为方式；在中世纪封建社会时代，幸福论更注重脱离物质生活的纯精神世界，在这个漫长的时期，占统治地位的是宗教神学超自然主义的幸福论，这种灭人欲的幸福论从客观上也促进了幸福论在精神方面的深入探讨。

　　这里对幸福概念和结构的分析肯定是挂一漏万，但我们依然相信，尽管作为一个日常概念，人人都可以对"幸福"提出自己的高见，但作为一个学术概念，我们必须确定幸福的核心内容，如图1-6所示。

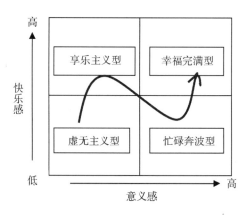

图1-6　幸福的"快乐—意义"二维发展模式

首先，图1-6中的幸福划分以幸福的"快乐—意义"两维度的四种类型划分为基础。大家都知道，类型和维度并不是对立的，类型的划分往往依赖内在的多种维度，尽管在进行维度划分时，研究者往往不可能将这些维度全部罗列出来。

类型划分具有如下优势：①类型保留了行为模式的整体画面；②主观提取的维度不可能包含表现个体差异的所有内容；③在类别学范围内描述个体差异可以使研究者更关注幸福感发展的起源问题，避免问题本身对统计的依赖。简而言之就是，类型划分简单明了、易于理解、具有内在逻辑性。虽然其划分具有一定的主观性，带有机械主义色彩，但可以帮助我们从宏观层面或文化层面解释研究对象的幸福感特点，具有优于维度划分的实用性。所以我们首先保留了幸福的类型划分说。

其次，图1-6中的幸福划分仅保留了幸福的"快乐"和"意义"两个维度。如上所述，幸福的内涵相当丰富，要在有限的篇幅内阐述幸福的内容，我们必须忍痛割爱，明确我们对幸福的关注中心。总结前人的研究成果，快乐的情绪和意义感的认知被更多的学者更多地提及，仔细分析其他内容更多地可以仰仗这两个维度的存在而存在。比如说"投入"，人为什么愿意"投入"？或者能够更好地"投入"，两种可能性最大：或者是这件事情本身引发个体愉悦，或者是他感到做这件事情的后果价值很大，有意义。考虑到"精简和准确"的基本学术规范，我们将以"快乐"和"意义"为基础对幸福进行研究。

最后，图1-6对幸福的描述想要避免类型划分中容易出现的误解是"快乐"和"意义"不是非此即彼的，也不是平起平坐的关系。如幸福的花心模型所述的，我们相信幸福中的内部结构是分层次的，在此四类型划分中从低向高，幸福分为四种层次，如图1-6中的箭头方向所示：

第一层次是虚无主义型。一个人生活在这个状态真是太惨了，他不仅对自己的工作毫无成就感，感觉自己的工作内容毫无意义；而且在自己的自由时间也没有任何业余爱好让自己开心。代表这种状态的就是一张毫无生气的脸。

第二层次是享乐主义型。处于这种状态的朋友往往能给你带来快乐，他们总是可以找到美食、美景、美色，可以满足你各种各样的欲望。问题是如果总是寻找快乐而逃避痛苦，只要眼前的事情能让自己开心就去做，其结果就是不容易给自己做一个长久规划。代表这种状态的应该是一张笑得甜蜜蜜的娃娃脸。

第三层次是忙碌奔波型。很多成功人士就是在这个层次，他们有责任心，他们肯付出努力，为了家庭和工作投入大量的精力，虽然在疲惫之余会安慰自己"忙过这一段就好了"，但一件事情接着一件事情，他们不断地为社会和家庭创造价值、提高自身价值，赢得外界的尊重，可惜他们充满成就的心里并没有享受到什么愉悦。代表这种状态的应该是匆匆不停歇的脚步。

享乐主义低于忙碌奔波型的原因，在于享乐主义往往误以为"努力等同于痛苦"，但事实上，不劳而获的人很难长久快乐。相反，忙碌奔波型虽然对自己有些残忍，但在传统道德评价体系，社会、家庭往往会给予甘于自我牺牲的个体相当的肯定。

最高层次是幸福完满型。这是一种理想状态。在这种状态中，一个人一般会热爱自己的工作，工作不仅能锻炼个人能力而且还能让一个人体会到乐趣；与此同时，他心中有爱，不论是爱人、爱家、爱好或者是工作，他和自己的热爱合二为一，所以他的时间流逝充实而又愉快。我不知道什么能成为这种状态的 Logo，因为它太美，看到它一定能使人感到勃勃生机、心生幸福。

总之，如果将幸福看做日常概念，可以说人人都是幸福专家，似乎每个人都可以就幸福发表一篇高论。但我们还是希望将这个日常概念学术化，进行一般学术化的剖析。在本章我们已经就幸福的概念进行了一番分析，明确了意义感和快乐感的关系，提出完满幸福观。从下一章开始，我们将展开幸福的影响因素分析。一般而言，心理学的行为主义流派更注重环境对个体的影响，认知学派更注重认知对个体的影响，而现代心理学更相信各种因素的交互作用。下一章我们将从宏观层面讨论环境对个体幸福的影响，从而提出本书的第二个观点：寻找意义感需要外界的稳定、内心的从容；在这个变化迅猛的社会中，人们无力滋养内心，完满的幸福走向空心化。而在随后的几章我们将进入微观世界，就个体的心理（包括情绪和期望）对幸福的影响展开讨论，并最终从发展心理学的角度分析教育对个体的影响，综合讨论上述各个心理因素的形成机制，提出本书最后的观点：在这个迅猛变化的社会环境下，获取完满幸福的难度增加，个体有责任丰富自己，使其拥有稳定的情绪、合理的预期和理性的社会比较机制，否则不仅自身难以把握幸福，而且将对自己晚辈的幸福观产生不利影响。

变化的步伐过快以至于超过了我们整合变化的能力。

——阿尔文·托夫勒（Alvin Toffler）[1]

---

[1] 阿尔文·托夫勒（Alvin Toffler，1928~），未来学大师、世界著名未来学家。当今最具影响力的社会思想家之一，出生于纽约，纽约大学毕业，1970 年出版《未来的冲击》，1980 年出版《第三次浪潮》，1990 年出版《权力的转移》未来三部曲，享誉全球，成为未来学巨擘，对当今社会思潮有广泛而深远的影响。

第二章

面对变化

在历史上，人们对于具有改变和流动性质的变化有完全不同的认识。在古希腊哲学中，赫拉克利特把变化视为无所不在、无所不包的，巴门尼德则基本上否定了变化的存在。发展到今天，估计越来越多的人认可了赫拉克利特的观点：这是一个加速变化的时代，社会方方面面都在发生翻天覆地的变化。

先来看看托夫勒的一张时间表：

1714 年发明的打字机用了 150 年时间才被普遍运用，1836 年发明的收割机用了 100 年时间才得以推广，而 1920 年左右发明的吸尘器、冰箱只用了 34 年时间就在全球普及了，1939 年以后发明的电视机等电器只用了 8 年时间就行销全球了。这是个让人眩晕、迷茫的变化速度。

相信每个人对变化都有深刻体会，我也有一个故事和大家分享。

有一天，一个要毕业的学生拿着一摞自己的职业倾向测试结果报告来找我。因为他很困惑，看着这些测验结果依旧不知道如何选择自己的就业方向。翻开他的测验题目我感到很无奈，学生测验的问卷是几十年前就已经编制完成的一个经典职业测量问卷，而这个测量问卷提供的参考职业现在一半都已经消亡，既有的职业内容十之八九也已经和原有的职业要求不同，而现在社会上在近十年内出现的朝阳产业、行当都无法在测验中找到相应的位置。我告诉我的学生，不要迷信经典，不要亦步亦趋，要多看、多想、多问、多尝试，相信自己的智慧和眼睛。我甚至和他分享了下面一句话：不要认为我曾经年轻，我就比你有经验；你眼前的世界，我也是和你一起看到的！未来会变成怎样？谁也无法想象。要知道，Google 搜索显示的"2014 年最急需的 10 种职业"在 2004 年根本就不存在；2000 年《财富》全球 10 强企业，2010 年有 7 家换了新面孔。

不得不承认，社会的变化是在加速的。在相当长一段时间内，整个社会的发展十分缓慢；但在累计效应下，近年来，社会在方方面面的变化更是可以用日新月异来描述。要想分析这种变化迅猛的社会环境给人类带来了什么影响，需要了解社会发展变化的基本含义。不同领域专家从不同角度理解社会发展变化，其概念内涵随着社会的迅猛变化而不断扩大，其特征愈加无法区分。从心理学、社会学的观点出发，我们常常将社会的变化看作是一个影响个体心理发展的环境变量，根据社会变化速度的差异可以将整个人类社会变化划分为：前变化期、变化期、加速变化期乃至后变化期①。这种区分是人类生活历史阶段的真实反映。前变化期是指整个社会变化十分迟缓微弱的时期；变化期从本质上说是一种过渡时期，指社会变化逐步显现，敏感的先知先觉者开始意识到父辈和子辈之间社会环境出现的差异和不同，但整体而言，儿童接受的教育内容可以满足成年后应对未来生活的技能需要；加速变化期则是指社会变化加速期，大众都能感受到大量未知信息不断渗透到个人日常生活，儿童期所学知识已不能满足其成年需要，终身学习成为必然；后变化期是一种快速变化后的匀速变化期，在这个时期，人们已经接受了万物变化的基本属性，甚至把握了变化的基本规律，从而能从容应对变化中的生活内容。如图 2-1 所示，本章我们将从"悠闲—诱惑"两个维度分析上述四个时期的特点，并将自己的观点反映在这个动人的曲线图中。

---

① 托夫勒是第一位洞察到现代科技将深刻改变人类社会结构及生活形态的学者。在《第三次浪潮》中，他将人类发展史划分为：第一次浪潮的"农业文明"，第二次浪潮的"工业文明"以及第三次浪潮的"信息社会"，给历史研究与未来思想带来了全新的视角。这三次浪潮大体与本书四个变化期中的前三个社会变化时期相对应。

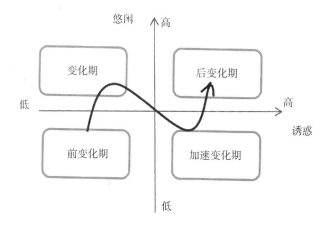

图 2-1　社会发展变化下的"悠闲—诱惑"二维发展模式

前变化期

前变化期包含了一切传统社会，这个漫长历史发展时期的基本特征是整个社会的发展十分缓慢（尽管有可能发生这样或那样的微弱变化），以至于祖父、父辈不会想到尚在襁褓中的儿孙的未来和他们过去的生活会有什么不同，同样，儿孙们也认为"父辈所经历的一切，也将是他们成人之际将要经历的一切"，大量个体一生都没有离开自己的出生地，在这种环境下，每一代长者都觉得自己有一个神圣的职责：把自己的生活原封不动地传递给下一代。

在这个整个社会发展十分缓慢的前变化期，祖孙三代都把他们生活于其中的文化视为理所当然，人们从未奢望，也根本不可能设想自己的生活和父辈、祖辈的生活有什么不同，既然"我走的路就是前辈过去走过的路"，那么长者对于生活中的文化了解最深，他们的经历就是那个社会积累文化的过程，老人作为知识的化身甚至会有被神圣化的倾向，听从老人的安排、尊重老人就成了一种自然而然的选择。这种尊老的本质其实是对知识的尊重，有限的知识随着时间的流逝储存在老人的音容笑貌和举手投足之间，当晚辈惊恐万状、不知所措的时候，老人家一副胸有成竹的过来人表情好像在说："年轻人，我们也曾年轻过，这些我们都经历过……"正如房龙①说的，"在无知的山谷，古老的东西总是受到尊重，谁否认祖先的智慧，谁就会受到正人君子的冷落"。房龙说："对于原始人，忌讳则甚为重要。它意味着超然于这个世界的人或没有生命的物体是'神圣'的东西，人们绝不能冒着即刻死去的痛苦或永恒磨难的代价谈论或涉及。对于胆敢违抗祖先意志的人可以大骂特骂，切不可表示怜惜。"

尽管我们和古人如此不同，但是如果我们对外面一个几乎一成不变的环境，用尊老让我们学会服从，用忌讳灭杀了我们探索，那么一个"缺乏疑问和自我意识（米德②）"的个体心理会保持一种所谓的平和与宁静，房龙将其概括为一句话，"在宁静的无知山谷里，人们过着幸福的生活"。但这种幸福也可以与上述社会变化速度相对应被称为"前幸福期"，因为与这个似乎永远不可变更的社会节奏相对应的是物质上的匮乏，物质上的匮乏导致个体的本能需求在多数时间内并不能得到充分的满足，快乐感相当有限。虽然偶有天才横空出世，思考如下问题：我的生活本质是什么？该如何爱？如何迎接死神？而压抑思考和自我的社会信条也不足以为大多数个体挖掘潜能提供条件，获取意义感。既然快乐感和意义感的满足都有限，依据本书的幸福定义我们做出如下结论并不过分：在社会的前变化期，人类的幸福之路还没有延展开来。

变化期

无法想象那些生活在年复一年、日复一日，时光轮回日子里的人们究竟过着怎样的生活，可以确定的是，我们的祖先在相当长时间里并没有时间的概念，时光轮回、死而复生，生生不息，心理是平和的、从容的。但随着时代变

---

① 亨德里克·威廉·房龙（Hendrik Willem Van Loon，1882~1944），荷裔美国人，著名学者，作家，历史地理学家。《宽容》，生活·读者·新知三联书店，1995年3月北京第8次印刷，第2页；第18页。

② 玛格丽特·米德（Margaret Mead，1901~1978），美国人类学家，美国现代人类学成形过程中，最重要的学者之一。《文化与承诺》，河北人民出版社，1987年12月第1次印刷，第48页。

迁，知识的积累、文化的蓄势待发，人类出现很久以后，历史的车轮终于厌倦了一成不变，不可避免地缓缓向前，人类历史从"前变化期"逐步进入"变化期"。

在变化期，尽管在相当大的程度上长辈仍然占据着统治地位，他们为晚辈的行为确立了应有的方式、界定了种种界限，年轻人还是以获得长辈的赞誉为荣，并以此成为同代人的学习楷模，但是社会中某一点微不足道的变化还是引发了天才（如牛顿、康德等历史传奇人物）的思考。从文艺复兴、工业革命，到两次世界大战、冷战结束，年青一代所经历的一切可能完全不同于他们的父母、祖父母。无论这些年轻人是从农村搬到城市的第一代生于此长于此的城市子女，还是革命者抚育的第一代新人，他们的先辈都无法向他们提供符合时代要求的全新生活模式，年轻人必须根据自己的切身经历创造全新的生活模式，并使之成为同辈追求的楷模。

考虑到前变化期的死气沉沉、种族的固化，变化期的社会变化无疑给人们带来了改变命运的希望。可以说，社会的变化带来无限的可能。如果年轻人想要脱离父母的社会阶层或者全盘的控制，那么社会给他们提供了多种实现的途径。很多农民开始到城里去，融入城市生活，成为第一代工人。总体而言，既然变化是慢慢开始出现的，那么人们刚意识到的社会变化必定是发生在相对有限的范畴，如人们在当地开一个小餐馆，最多也就是从乡村到了自己所在省份的省会工作，能够看到更多的图书、在大城市看到一些金发碧眼的国外友人，这些变化让人们对自己的未来充满想象，大多数年轻人是欢呼雀跃地、充满希望地想要拥抱这种变化，前变化期"压抑思考和自我"的状况得到改变。

思想解放

社会的变化促使人们都必须适应新的、与往常不同的生活方式，而在这个适应过程中，大多数人，甚至整整一代人都要学习新的生活方式，而这种情况下，父母头脑中日渐落伍的观念阻碍了他们像具有极强适应能力的子女一样去学习新的语言、新的生活习惯、新的风俗礼仪，而这些内容将形成一整套新的价值规范。当血气方刚的年轻人自寻谋生之路，建立起新的生活方式时，这一代人自然就会自己设置新的行为准则，最终，他们所具有的适应性和所代表的行为风范可以达到能够与其父辈分庭抗礼的地步。米德说：

"那些无论在时间上还是在空间上都已为子女所取代的父辈发现，不要说继续控制自己的子女已经变得十分困难，即使是保留那种应该，也能够对孩子们加以训导的信念也已十分不易①。"

随着社会变化的出现，老人的"真知灼见"不再得到社会现实的验证，他们的言语也就随之开始受到年轻人的质疑，祖辈的影响力逐渐下降，权威不再，老人逐渐失去权力，开明的老人开始有意识地希望孩子们成为胜过父母的社会精英，年轻人更是敏锐地意识到一个外在思想高压和灌输的社会环境正在解体，他们的大脑思维活动逐步享受一种自由状态——一种"想怎么样就怎么样"的状态。

吐故纳新

尽管思想解放的闸门已开，但社会主流文化往往都会对社会现状做出滞后反应，那些传统观念依旧作为主流价值观念得到社会的认可和遵从。在孩子早年个性形成的过程中，这些观念也从家庭教育、学校教育和主流媒体的宣传下部分长久保留下来，年轻人就在这样一个逐步变化的环境中，一面想要自己思考，一面又要接受外界约束。好在由于时代变化速度相对缓慢，变化只是逐步展开，人们仍然相信"永恒"和"普世规律"，内心处于安定状态，所以年轻人可以有充足的时间思考两者之间的差异和联系，做出理性的判断。要知道，古老的人性之谜、传统的文史哲课题并不一定需要大笔的硬件投入，但却需要闲暇和自由，需要研究者耐得住寂寞的长期思考。也就是说，除了上一部分说的思想解放，要深入思考，乃至留下传世经典名著的社会还需要满足以下两个条件：高闲暇、低诱惑。从某个角度说，"变化期"不多不少满足了出经典、

---

① 米德. 文化与承诺 [M]. 石家庄：河北人民出版社，1987.

出大家的基本社会条件。

先来看看闲暇。近几年怀旧风盛行，众多前辈写了很多回忆性散文，把几十年前的生活描绘得非常唯美，让很多文艺青年对晚清、民国向往不已，觉得今不如昔、恨恨不已。但事实上，记忆是有选择性的，尽管有的时候我们会记下自己的痛苦经历，有时候却恰恰相反，又会夸大过去的美好。研究表示，对过去的憧憬通常是理想化而不现实的。许多人相信，过去的岁月比现在美好，他们也相信他们过去过的是较佳的生活，这种回忆经常和一个温暖的童年回忆、某种游戏或者珍贵的私人物品、经历联系在一起。王蒙就此做过评论，认为那些遗老遗少描绘的都是以往生活中美好的一面，甚至是美化的一面，实际的生活状态与此描述相去甚远。但这个美化的图景为什么如此诱人？在笔者看来就是因为人们怀念那个悠然自得的闲暇。先看一段刘姥姥"二进"荣国府，平儿将贾府送与她的物品一一交割的情景：

"这是昨日你要的青纱一匹，奶奶另外送你一个实地子月白纱作里子。这是两个茧绸，作袄儿裙子都好。这包袱里是两匹绸子，年下做件衣裳穿。这是一盒子各样内造点心，也有你吃过的，也有你没吃过的，拿去摆碟子请客，比你们买的强些。这两条口袋是你昨日装瓜果子来的，如今这一个里头装了两斗御田粳米，熬粥是难得的……"

在这一段描写中，作者将礼物的数量、质地、分配交代得细致清楚。相当长的一段时间里，人们都很喜欢《红楼梦》的这种描述方式，沉浸于琐碎、繁复、华丽的生活细节中，描写衣着、吃食、屋内装饰。阅读这些细节描述的过程中，时光似乎停滞，那些梦里或者日常生活中一晃而过的场景，作品用慢镜头的方式回放在读者面前。我们甚至可以想象那个阅读的场景：一个人融于午后暖暖的阳光中，读着《红楼梦》，心很舒缓地静下来，甚至连心跳都会慢下来。在我看来，这些作品向读者描述了一种自然的生活状态，时间的流逝从容，从而给大家提供了一个寻求内心感受、欣赏和玩味生活的绝佳载体，一个人可以享受沉浸在细节中的体验，充分表明读者心里的安定，这种安定和人类变化期的时代特征交相呼应。

说了闲暇，再来看看诱惑。简而言之，诱惑就是满足人性中不可泯灭的"趋乐避苦"倾向的外在条件，大体可以划分为两类：物质上的诱惑和精神上的诱惑，权势、地位、名利、金钱均可包含在内。

　　我们不在这里对此进行理论分析，就说一个个人经验吧。改革开放前后，虽然那个时候我们已经开始踏上社会发展快轨道，但变化期的痕迹还相当浓重。我作为一个小娃娃，受到了什么诱惑呢？过年有肉吃，平时能吃饱，但零食是绝对的奢侈品，记得我小学4年级时每周的零用钱是0.5元，夏天不够每天吃一根冰棍。过年衣服里外全新，我能意识到我相对好过是因为我家就我一个孩子。一般一家有两个孩子非常正常，把给两个孩子的花销都投在我身上，我才有条件在过年时有全新的衣服，好多小伙伴的鞋子前面都有个大洞时才会恳求家长给买新鞋，因为"脚又长了，鞋子卡得脚疼"。我们已经住楼房，但两家住一个单元，合用一个厨房、卫生间，洗澡要去公共浴池，人挨人、人挤人的大蒸笼是我童年愉快的记忆。出游？从石家庄到北京要整整8个小时，和现在的1个小时车程比起来简直天差地别，这么慢的火车，我们又能去哪里远游呢？何况那时还是6天工作日，每周休息1天。何况家里哪有多余的钱？在相当长的一段时间，我母亲的持家"宏愿"就是："我要是有500元钱存款，我就再也不存钱了！"500？妈妈啊！您的计量单位搞错了吧？

　　可以想象，那个时代一点点的物质诱惑对孩子们都有极大杀伤力，过年时偶尔的一点点物质诱惑会让我们欣喜若狂、回味无穷，我还是记得烤花生的味道——那就是幸福的味道。既然吃、穿、住、行的需要处于基本满足的条件下，人的精力自然就转向精神诱惑。首先声明，那个年代家里没有电视，更别说电脑、网络，中午放学回家听听单田芳的评书就能痴迷到听不到爸妈叫吃饭的程度；小人书是我的最爱，上海人民美术出版社的《三国演义》被同学们传阅，我一直为没有看全这套书而感到遗憾以至于念念不忘。（说句题外话，我老公也是如此，他给我买的第一个礼物就是全套《三国演义》，现在看它好好地放在书架上就觉得幸福满满。）再长大些，阅读成为我的一大享受，对文字产生了一种天然的亲近，有书的时候就看书，没有书的时候就靠想象补充书中的内容、推测故事结局，这种一本万利的活动就是我们那个时代最容易实现的娱乐活动吧？

啰唆这么多我并不是要自我炫耀，我想表达的意思是，在这个外在诱惑极少的年代，心神专注，大家都以读书为乐、为荣，自然就更容易出大儒、大家。比如民国时期的一代鸿儒胡适先生是中国古典文化的研究大家，同时又掀起了新文化运动，他就是新文化中旧道德的楷模，旧伦理中新思想的师表。大量的阅读和积累从本质上让他们和历史血脉相连，而他们的思考和观察又让他们能高于历史看未来，其思考必定是深邃高远。

忍不住再讲一个故事，一个有关国立西南联合大学的故事。先简单介绍一下西南联大背景，西南联大可以说是中国近代学人永远的精神家园，中日战争前中国学术界的精英，战争爆发以后基本上都集中于西南联大。打开西南联合大学教师的名册，其阵容之豪华叫人瞠目结舌。这里不提那些只在学术界享有盛誉的学术权威，只说今天对社会大众如雷贯耳的人物：陈寅恪、朱光潜、朱自清、闻一多、钱穆、钱钟书、吴宓、吴晗、冯友兰、汤用彤、金岳霖、熊十力、张奚若、潘光旦、费孝通、沈从文、吴有训、饶毓秦、叶企孙、吴大猷、华罗庚、周培源、陈省身……在这个独立的精神家园内，20 世纪 30 年代学术界形成的学术传统得以保留和延续。

1937 年 7 月 7 日，抗日战争全面爆发，北平、天津失陷后，根据国民党政府教育部决定，国立北京大学、国立清华大学和私立南开大学搬迁至湖南长沙，联合成立长沙临时大学。1937 年底，民国首都南京陷落，武汉告急，长沙遭遇空袭，在国难的硝烟中，临时大学被迫再度南迁昆明，成立"国立西南联合大学"，"西南联大"这个中国教育史上熠熠生辉的名字由此诞生，志愿入滇的学生和教职员工分三路抵达昆明，其中的 200 多名同学组成步行团，在闻一多、黄子坚、曾昭抡、吴征镒等 11 位教师组成的辅导团带领下，栉风沐雨，徒步行军 3500 里，历时 68 天，横穿湘、黔、滇三省，完成了世界教育史上一次罕见的远征。现在去云南师范大学老校区，还能看到其旧址所在。

西南联大的远征是"不当顺民"的宣言书，他们在用行动告诉所有的人，就是宁肯走路，宁肯舍弃舒适的漂亮家园，我们要走在没有沦陷的土地上，不当顺民。这种信念也使得全国得到一种知识鼓舞，因为"我们这个民族最聪明的人、最有智慧的人，我们这个民族的名人，他们跟我们在一起，他们不投降，他们过来了，跟我们在一起，我们要对抗沦陷区的敌人"。可以说，西南联大的转移实际上加强了整个民族抗战的信心，也加强了抗战力量。步行者之一的诗人穆旦写过这样的诗句，"一个民族已经起来"。

西南联大的学习条件和生活环境极其艰苦，1938~1944年就读于西南联大本科和研究生的杨振宁后来回忆道："教室是铁皮屋顶的房子，下雨的时候，叮当之声不停。地面是泥土压成的，满是泥坑。窗户没有玻璃，风吹时必须用东西把纸张压住，否则就会被吹掉。"即便如此，杨振宁先生说："西南联大是中国最好的大学之一。我在那里受到了良好的大学本科教育，也是在那里受到了同样良好的研究生教育，直至1944年取得硕士学位。"何兆武教授[①]曾深情回忆，"那时候虽然物质生活非常之苦，可是觉得非常的幸福"。[②]

学生如此，教授同样如此。抗战中财政困难，教授待遇下降，各教授纷纷放下架子自救。闻一多为得到一套宽敞的住房和每月100斤的大米，到中学兼课；由于他精于篆刻，闻一多还开出价码为人刻印。

要知道，民国时期教授的生活待遇极好。闻一多在青岛大学任教时，月薪达400多元，而当时一个包吃住的保姆月薪才几块钱。在青

---

① 何兆武，1921年9月生于北京，原籍湖南岳阳，1939年考入西南联合大学，1943年毕业于西南联大历史系，1943~1946年在西南联大外文系读研究生。1956~1986年任中国社科院历史研究所助理研究员、研究员。1986年至今任清华大学思想文化研究所教授，兼任美国哥伦比亚大学访问教授和德国马堡大学客座教授。长期从事历史理论、历史哲学及思想史的研究和西方经典著作的翻译工作。

② 《上学记》，何兆武口述，文静整理，生活·读书·新知三联书店，2013年1月。

岛大学一次学潮中，闻一多认为学生无理，主张严厉处分，激起学生的围攻；学生贴出丑化他的漫画不说，还编了歌谣挖苦他讲课时习惯发出的"呵、呵"声，拿的就是他的薪水说事："闻一多，闻一多，你一个月拿400多。一节课50分钟，经得起你呵几呵？"日本人攻破北京时做出承诺，留在北京继续教学，照样保证教授丰厚的年金。作为教授，像闻一多可以有两个抄文的书记，有保姆，有厨师，还有洋车夫，那种舒适的生活还可以继续下去。可是他不能接受，宁愿带着一桶饼干、带着孩子、夹着两本书上了船，混入了难民的队伍滚滚向南去，绝不在沦陷区，绝不留在原地替日本人办大学。众多的教授都是这样就离开了清华、北大和南开。

黑格尔曾说："一个民族，有一群仰望星空的人，才会有希望。"西南联大确实囊括了这样一群仰望星空的人，知识和文化在这里汇聚，理想主义在这里栖身，他们不食人间烟火，专注于仰望星空，思考终极问题。他们住最简陋的屋，吃最粗糙的饭；在轰炸下学习，在硝烟中授课。西南联大是中国高等教育史上至今未能逾越的高峰——一座屹立在中国现代史上最困难时期的高峰。帕斯卡尔[①]曾说过："人只不过是一根苇草，是自然界最脆弱的东西；但他是一根能思想的苇草……因而我们全部的尊严就在于思想……"西南联大师生用自己的行为告诉世人"人的全部尊严"所在，成为中国教育史上爱国、进步、奉献精神的丰碑，开启了中国近代文化史上绚烂的一页。西南联大得到如此高的评价，有一个重要的原因在于它的存在帮助了人的成长，促使个体充分发挥了自我的最大潜能，而正因为如此才使那么多西南联大的学子对自己的母校念念不忘，觉得自己当时"非常幸福"，强烈的"意义感"弥补了当时物质的不足，以至于人们在饥寒交迫之中还能自得其乐。

总结一下，处于"变化期"的个体同时接纳传统和现代文明，往往可以同时适应现代（以城市人为代表）的行为方式和传统（以乡村人为代表）的

---

① 布莱士·帕斯卡尔（Blaise Pascal，1623～1662）是法国数学家、物理学家、哲学家、散文家。

行为方式，很好地协调两者之间的矛盾，人们从来不想隔断和旧日生息之地的联系，甚至想着历经数年的城市生活之后，可以告老还乡，重新品尝家乡口味的饭菜，落地归根。在我看来，他们是得到幸福的一代。先看"快乐感"，他们是有充分体验的。不要说这个年代物质匮乏，正因为这个年代物质依旧匮乏（但逐步温饱已有保障），鉴于只有感受了缺失后再行拥有，人才能在"趋乐避苦"的来往道路中找到平衡，所以他们获得了快乐；再看"意义感"，处在一个外界诱惑较少的时代，有时间、有自由思考问题，这样一代人组成的时代必定是思维活跃期，深化个体的思考深度、自我成长明显，获取"意义感"不难理解，这样，人类终于从漫长的"前幸福状态"转变为"高幸福状态"，甚至是"快乐与意义"统一的"幸福状态"。

综观人类的发展史，不只是中国，包括西方国家，社会的变化都和思维活跃时期相对应，而思想解放又在社会发展中起着决定性的作用，促使了社会加速发展，最终将社会推向日新月异、一日千里的社会加速变化期。

加速变化期

社会和技术变化的速度是惊人的，技术的巨大变革改变了人们的工作、学习和休闲方式。随着变化速度的增加，人们在社会中所经历的变化愈加剧烈，新的技能承受社会变迁的影响愈加沉重，整个社会系统中的个体必须终身学习以应付种种变幻莫测的新的环境，必须创造出一种从父辈甚至自己童年生活经历中无以借鉴的行为模式，变化期逐步被加速变化期取代。可以说，变化无处不在。马云曾就"变化"发表过如下观点：

"在阿里巴巴公司的文化里有一条非常重要的价值观：拥抱变化！我们认为，除了我们的梦想之外，唯一不变的是变化！这是个高速变化的世界，我们的产业在变，我们的环境在变，我们自己在变，我们的对手也在变……我们周围的一切全在变化之中！

面对各种无法控制的变化，真正的创业者必须懂得用乐观和主动的心态去拥抱变化！当然变化往往是痛苦的，但机会却往往在适应变化的痛苦中获得！

过去的 7 年的经历和我本人近 10 年的创业经验告诉我，懂得去了解变化，适应变化的人很容易成功！而真正的高手还在于制造变化，在变化来临之前变化自己！

任何抵触、抱怨和对抗变化的不理性行为全是不成熟的表现，很多时候还会付出很大的代价。因为你不动，别人在动！这世界成功的人是少数，而这些人一定能够在别人看来是危险、是灾难、是陷阱、是……中冷静地找到机会！所谓危机，危险之中才有机会！

阿里巴巴几乎每天要面对各种各样的挑战和变化……我以前总是强迫自己去笑着面对并立刻准备调整适应（当然很多时候也一定会骂骂咧咧的）。而今天，我们不仅会乐观应对一切变化，而且还懂得了在事情变坏之前自己制造变化！"

当然，这是成功者的理性分析。普通人面对变化时会有怎样的体验？我们可以通过分析他们欣赏的文学作品推断。整体而言，近年来经典文学读者的比重逐年下降，既然像《红楼梦》中那些琐碎的描述让人急不得，那么放下是最好的选择。电视剧、系列剧盛行，越来越多的年轻人喜欢看美剧，这些流行的娱乐节目更多以情节取胜，恨不能 2 分钟一个高潮、5 分钟一个故事，人们在跌宕起伏的故事情节中获取乐趣，舒缓的感觉被紧张、刺激替代，让人忍不住大呼过瘾。甚至为了迎合大众需求，播音员的播音速度也在逐步加快，和逐渐加快的社会生活节奏同步。以中央台最具影响力的《新闻和报纸摘要》节目为例，20 世纪 60 年代，每分钟播出约 185 个字；80 年代，200~220 字；90 年代，240~260 字；近几年，每分钟 250~270 字，最快时每分钟超过 300 字。快、快、快，这种快和变化迅猛的社会节奏同步。

我们在变化中看到转机和希望，人类在不断发展中逐步明确的一些普世价值，诸如民主、公正，都需要在不断变化中调整、平衡才能逐步接近，所谓"流水不腐户枢不蠹"，这都是变化给我们带来的好处。但不可否认，即使是好的变化也会给人们带来心理上的压力和不适。目前，瞬息万变的社会给我们个人带来最明显的变化表现在以下两个方面。

高诱惑

大工业的发展，商家的关注点逐步从产品转向客户，为了满足客户衣食住行多种需要，大量产品层出不穷，我们的生活似乎越来越富裕、选择越来越多。弗罗姆[①]（1941）说："困扰人们的不是缺乏机会，而是机会太多，令人眼花缭乱。"这种现象在当今社会中表现更为明显。

首先看穿。就个人而言，我们早就摆脱了蓝黑颜色系列，各种花色让我们眼花缭乱，纯色由于饱和度不同也显得色彩纷呈，面料包含棉、麻、毛、丝绸和化纤等，以裙装这个"服装皇后"为例，紧身裙、百褶裙、吊带裙、长裙和超短裙不一而足，适合于日常和社交等不同场合，满足女孩子的爱美之心。有美女被开玩笑，"只缺一件衣服——要穿的那一件"。可以想象，琳琅满目的美丽衣衫对于爱美的女孩是怎样的一种诱惑。事实上，商家已经不仅满足于吸引个体购买衣服，商家的营销深入人心，并开发了各种产品：首饰、手包、鞋帽，层出不穷的产品似乎都可以让你变得更美，更舒适。

> 有一次，我去给儿子买运动鞋。甜甜的导购员问我："这个鞋是什么时候穿的？跑步？打球？登山？"面对足球鞋、篮球鞋、健行鞋、登山鞋、全能运动鞋，她侃侃而谈。我终于明白了为什么现在"售货员"名称已经改为"导购员"。因为在她滔滔不绝引导之下，我突然感觉应该有很多双鞋才能最好地保护孩子稚嫩的脚踝和双足，让他充分享受不同运动的乐趣。

不仅如此，您还可以选择美容美发乃至整容修身，不一而足的产品都是可以让你变美、变舒适的途径。

其次看食物。在物质贫乏的年代，"吃货"绝对是个贬义词，如果说一个

[①] 埃里希·弗罗姆（Erich Fromm），美籍德国犹太人。人本主义哲学家和精神分析心理学家。毕生致力修改弗洛伊德的精神分析学说，以切合西方人在两次世界大战后的精神处境。代表作有《爱的艺术》、《逃避自由》。

人没良心常常被描述为"怎么吃都不长肉",这个"黑"人的描述现在已经让太多人羡慕嫉妒恨了。食物选择是如此之多,超市菜品花样繁多,无论是百年老店还是这些年蒸蒸日上的甜品店,各个色香味俱佳的入口之物等待人们去品尝,"饥饿感"对很多人估计已经是很抽象的感觉了。当然,"为了活着而吃"的时代已经过去,饮食文化受到大众的关注,《舌尖上的中国》引发大量追捧,人们逐步意识到饮食具有明显的地域特色,各地饮食风格不同。读读下面列出的"饮食三字经",您流口水了吗?

涮北京、包天津、甜上海、烫重庆、鲜广东、麻四川、辣湖南、美云南、酸贵州、酥西藏、奶内蒙、荤青海、壮宁夏、醋山西、泡陕西、葱山东、拉甘肃、炖东北、稀河南、烙河北、罐江西、馊湖北、氿福建、爽江苏、浓浙江、香安徽、嫩广西、淡海南、烤新疆。

在很多大型城市,您可以吃到世界各地美食,所谓的"食色性也",吃是本能,有好吃的摆在面前,您会无动于衷吗?诱惑多多。

进一步而言,吃的文化已经超越了"吃"本身,获得了更为深刻的社会意义,在什么样的餐馆、酒店饮食,餐桌上的食客身份等都引发人们不同的心理体验。在学术界,饮食文化和传统文化之间的关系也引发科学家的思考。例如,中国"南米北面"的饮食传统引起 Thomas Talhelm 的极大兴趣,他提出的"大米理论"甚至登上了 2014 年 5 月 9 日《科学》封面,这篇神文利用中国南方、北方的饮食差异解释南方人和北方人截然不同的思维方式和处事风格,真是有趣至极。

最后看住。虽然六六的小说《蜗居》将人们在大城市中的居住环境进行了形象地描述,但整体而言,这些年大家的居住条件还是有了更大的选择余地,一样的价位可以选择的住房条件不同,城市、地段、楼层、住房格局等,个人的价值观、喜好不同可以做出不同的选择,有人迷恋胡同里的温馨和随性,有人却喜欢楼房的独立和自由。显然,我喜欢温馨也喜欢独立。写到这里,我突然想到由黄品冠、周华健和李宗盛演唱的那首《最近比较烦》里的歌词:

"我问老段说怎么办，

他说基本上这个很难。"

当然，住还会受到个体财力水平的限制，不同个体的财务情况不同，其选择面更是五花八门，如果想要将自己的房子挂在海边悬崖之上也是"只有想不到、没有做不到"。

即使已经住下了，家居产品日益翻新，以前的住处就是一个睡觉、储备粮食和衣服的地方，现在"家"里的东西不断扩张，家具、床上用品、厨卫用具、室内配饰及日常生活需要的商品，哪一类产品不是琳琅满目？冰箱从单开门到冷藏、冷冻的区分，再到保鲜层的出现，冰箱的容量在不断加大，和越来越大的家相匹配。甚至冰箱的外观也在从纯白色转向多色，似乎在向爱美的女主人发出呼唤"选我选我"。

还在家中诱惑就已经多成这样，出行之后的诱惑更是不计其数。交通工具从纯原始的步行、绿色出行的自行车，已经发展到汽车、火车、飞机、轮船，提速之后，人的腿相对变长，活动半径逐步扩大，那么大的地球已经成为"地球村"；为了避免鞍马劳顿，网络、媒体让我们足不出户便闻天下事，我们终于知道"世界上有生活如此不同的人"、"世界上有那么多我们还没有看到的美景"、"世界上还有那么多我们还没有享受的娱乐项目"，当然也包括了衣、食、住方方面面，多少人因此欲罢不能。

总之，人生在世诱惑多多，有物质诱惑也有更为抽象的精神诱惑，权势、地位、名利、金钱等包罗万象。以前的娱乐可能就是一本书、一幅画，现在的娱乐千变万化，网络上海量的系列剧、娱乐频道、自得其乐的搞怪花样，随点随有连续不断，"即时满足"技术给我们的娱乐带来了无限可能。放眼世界，多少蓝发碧眼之人对我们的生活产生了重要影响，我们的马云也在纽约的世界金融中心侃侃而谈，让世界为之动容，我们的生活正在发生意想不到的变化。

低悠闲

在历史中的很长一段时间我们都过着日出而作、日落而息的规律生活。在出现汽车之前，很多人从没有离开过自己的家乡。伴随着社会进步，洗衣机、冰箱为我们洗衣服、储存食物，汽车替我们走路，手机、网络让我们可以足不出户就和世界各地的朋友、业务伙伴建立及时联系。甚至可以说，世界发展史就是让人可以越来越懒的历史。但是事实上并非如此。让技术承担更多的日常事务，我们总是期盼着由此有更多的悠闲时间，但 1992 年出版的《过度工作的美国人》中，美国学者朱丽叶·斯戈（Juliet B. Schor）详细揭示了美国社会在"二战"后，人们的工作时间不但没有趋于减少，反而趋于稳定甚至是增加，我们国家在改革开放以后发生了类似的现象：工作过度、休闲不足。

想一想还是很有讽刺意味的，一方面，我们有更多的条件可以让技术替我们承担更多的日常事务；另一方面，为了获取让技术替我们承担更多日常事务的条件，我们放弃很多家庭生活的时间。技术替我们承担了更多日常事务的同时，也为我们创造了很多新的服务岗位，原来由家庭成员完成的家务开始分阶段地实现外包，小到如洗衣、早餐，大到如育儿、养老，可以说技术让很多家庭和工作界限变得模糊不清，时间成为越来越宝贵的商品，人们感慨"时间都去哪儿了"恰恰反映了物以稀为贵的心态，"时间荒"的现象普遍存在。也就是说，人们一边拼命工作，无休无止，缺乏足够的休闲时间；一边又拼命消费，以补偿休闲时间不足造成的缺憾。购物成为他们最大的休闲活动，消费本身也成为促成工作时间延长的一个因素。王宁[1]如此描述：

精英群体（如领导干部、公司管理层、专业人士等）、白领群体（如外企或民企的文员等）、农民工群体和中小学生群体都或多或少地面临着"时间荒"。尽管与 20 世纪 90 年代中期之前相比，中国城市居民的制度性的工作时间在减少（每周工作 6 天变成每周工作 5 天），但非制度性的工作时间却在增加，它的一个最直观的体现就是加班加点。人们用制度性工作时间之外的时间，来弥补制度性工作时间的不够用。此外，随着城市的扩展和交通的日益拥堵，人们花在上下班路途上的时间也在增加。

---

[1] 王宁. 压力化生存——"时间荒"解析 [J]. 山东社会科学，2013 (9).

个体面对着一个快节奏的潮流世界，很多人都有一种担心被"Out"的恐慌。仅以互联网为例，传统的商业模式在此完全不适用，传统行业的成功也就无法再次复制，有人为此感慨："老鸟死，菜鸟飞。"不破不立、不立不成，要想在千变万化的现代生活中取得真正的成功，就要不断学习，打碎经验的桎梏，正如汉斯所预言的，"所有的人需要着迷于追求新知，以便跟上变化的步伐"。事实上，如果不能与时俱进，无论是个体还是企业都会被淘汰。当这种变化不能被个人控制或者是被外界强加的，缺乏控制能力和预测能力的自我体验就足以促使个体产生强烈的压力，可以想象，建立在应激心理基础之上，个体的悠闲感自然荡然无存。

总之，我们就身处在这样一个时代，变化迅猛的社会环境具有高诱惑、低悠闲的特点，凡此种种的变化会对个体身心产生巨大影响，改变着人们的思维模式和行为决策，并最终导致幸福感的变化，作为本书的重点关注点，我们将在后面的章节中逐一分析变化了的个体心理特点，并最终就这些变化对个体幸福感的影响得出自己的结论，这里权且展望一下后变化期的时代。

后变化期

在当代有关人类的变化中，都没有走出与我们曾经经历过的前变化期、我们熟识的变化期和我们正在体验的加速变化期机制，虽然还看不到全然不同的社会变迁和文化传递的新机制即将出现的痕迹，但我深信，一种全新的社会变化时期终将出现，我将其称为"后变化期"。

在那个后变化期，人类变化速度的加速趋势得到缓和，其持续的变化节奏逐步被人们理解，社会的主流文化内容由加速期的对社会解读的滞后状态逐步追了上来，能够协调反映社会现实状态，既然人们掌握了社会变化的基本规律，那么人们就能在快速变化的社会状态下从容地思考、享受那个时代带给我们的快乐。

幸福终将会从迷失走向定向。

本章以社会变化速度为轴，勾勒出了一幅人类幸福发展脉络图。托夫勒把人类社会的发展比作一辆不断加速的赛车，随着每一次的技术进步，这种发展速度呈几何倍数地上升。阿尔文·托夫勒制作过这样一张时间表：公元前人们普遍使用的交通工具马车的时速是每小时 20 英里，1880 年发明的蒸汽火车已经提高到每小时 100 英里，1938 年飞机的出现，人们的速度已经达到了每小时 400 英里，1960 年发明火箭飞机再一次将速度提升到每小时 4800 英里，而宇航船的速度则已经达到每小时 18000 英里。

类似地，我们可以将幸福想象成一驾马车：一开始，尽管路面（社会文化）坎坷不平，好在其车夫（社会发展动力）相当软弱、车几乎原地不动，因此坐在车上的我们可以从容地享受祖辈曾经享用过的美景、听天由命；随着车夫养精蓄锐开始发力，我们中间的智者意识到路的问题，带领大家逢山开路、遇水搭桥，妙在车的行进速度不快，一辆车一路坦途慢慢行进，我们或者修路干得热火朝天，或者坐在车上一路观光，享受到了祖辈没有看到的美景，自得其乐；但随着车夫脚力大增，我们修路的速度已经赶不上他飞奔的脚步，爱车如脱缰的野马在旷野上狂奔，修路的人看不到马车的去向不知在哪里修路才有价值，但坐在车上的我们一路颠簸又惊恐万分，除了拼命想要抓住什么之外，乐趣荡然无存，外面的美景也匆匆而过，无福消受。

我们都从马上跳下来吧，不是修路，而是铺地面！当放眼望去是一马平川时，我们就可以从容地等待爱车的回归！

生命是一团欲望，欲望不能满足便痛苦，满足便无聊，人生就在痛苦和无聊之间摇摆。

——叔本华

第三章

被激发的欲望

欲望是哲学家探讨的题目，无论是西方哲学，还是我国的道家、儒家、兵家、法家都有对其充满智慧的解读，而经济学、管理学也有对人类欲望的分析、管理和利用，并将其更中性地称为需要和动机。包括马斯洛[①]的需要层次理论，道格拉斯·麦格雷戈[②]的 X 理论和 Y 理论，赫茨伯格[③]的双因素理论，麦克利兰[④]的成就需要理论、行为主义理论，弗罗姆[⑤]的期望理论，亚当斯[⑥]的公平理论等都对个体的需要和动机种类进行了精辟分析，从中可以看到我们个

[①] 亚伯拉罕·哈罗德·马斯洛（Abraham Harold Maslow，1908~1970），美国心理学家，以需求层次理论最为著名，认为首先要满足人类天生的需求，最终达成自我实现。

[②] 道格拉斯·麦格雷戈（Douglas McGregor，1906~1964），美国麻省理工学院史隆管理学院教授，此外还于 1948~1954 年期间担任 Antioch College 校长，他也在印度加尔各答管理学院任教。1960年，其出版的《企业的人性面》深刻地影响了教学领域。在该书中，麦格雷戈主张在一定环境中雇员可以通过权威、引导、控制、自我控制而达到激励效果。该理论即著名的 X 理论和 Y 理论，其中 Y 理论被广泛地运用于当今的企业管理中。

[③] 弗雷德里克·赫茨伯格（Frederick Herzberg，1923~2000），美国心理学家、行为科学家、人力资源管理专家，20 世纪 50 年代末提出双因素理论。

[④] 大卫·麦克利兰（David McClelland，1917~1998），美国哈佛大学教授、行为心理学家、社会心理学家、当代研究动机的权威专家，从 20 世纪 40 年代起就开始对人的需求和动机进行研究，提出了著名的成就动机理论（即三种需要理论）。

[⑤] 埃里希·弗罗姆（Erich Fromm，1900~1980），又译作弗洛姆，美籍德国犹太人。人本主义哲学家和精神分析心理学家。毕生致力修改弗洛伊德的精神分析学说，以切合西方人在两次世界大战后的精神处境。他企图调和弗洛伊德的精神分析学与人本主义的学说，其思想可以说是新弗洛伊德主义与新马克思主义的交汇。弗罗姆被尊为"精神分析社会学"的奠基者之一。

[⑥] 约翰·斯塔希·亚当斯（John Stacey Adams），美国心理学家、行为科学家、人力资源管理专家，1965 年提出公平理论。

体存在种类多样的需要。从一定角度而言，个体的需要本质并没有变化，但不同年代，人的欲望形式还是在不断翻新、层出不穷。

面对雾霾的侵袭，有人发出感慨，生在帝都的人只要见到蓝天白云就觉得幸福。当下确实如此，但我们小时候可曾有人想过青山碧水环绕是幸福？还记得40年前，我生活在一个日出而作、日入而息的城郊，晚上萤火虫在身边飞来飞去，真是司空见惯、习以为常。当我的父母带我回到城市时，引来多少美慕的眼光！那时，我们向往着城市生活，垂涎于麦乳精的甘甜、汽车火车的神奇。

现在呢？孩子们有多少见过萤火虫这种神奇的生物？恶劣的空气环境早就让它们退避三舍。生活在大城市里的个体氧气饥饿症逐渐显现并加重，越来越多的人一有假期就会跨越千山万水去拥抱大自然，世界各地都是中国人的影子。

清点欲望

如上所述，30年前我们对清洁空气熟视无睹、对现代化生活趋之若鹜，当前却反过来对天然氧吧垂涎欲滴、一有机会就要离开日常生活环境。但其本质还是想要健康的、高质量的生活，从心理上分析，追求的环境不仅满足了个体需要的安全感，而且也较高程度地满足了个体的自尊和自我实现的需要。利用马斯洛的需要层次论可以这样分析，当然，依据其他理论我们可以做出不同的解释。

佩塞施基安教授的观点

至今为止，我看到最全面、细致的个体基本需要分析来自于佩塞施基安教授①。他将个体的基本需要称为个体赖以生存的"基本能力"，并将其划分为

---

① 佩塞施基安教授（Prof. Nossrat Peseschkian），1933年生于波斯，1954年赴德攻读神经医学博士学位，并接受了不同流派的心理治疗培训后，创立了积极心理治疗（Positive Psychotherapy）。

26种现实能力。从"爱"的能力发展出来的现实能力称为"原发能力",包括爱、榜样、耐心、时间、交往、性、信任、自信、希望、信仰、怀疑、坚定、整合;从"认知"的能力发展出来的现实能力称为"继发能力",包括守时、清洁、条理、服从、礼貌、诚实、忠实、公正、成就、节俭、可靠、精确、谨慎,如图3-1所示。这26种能力的组合应用,构成了一个人的行为常规模式和社会功能模式。

积极心理治疗
Actual Capabilities
现实能力

Primary capabilities 原发能力　　　　**Second capabilities 继发能力**

◇ Love(Acceptance)爱（接受）　　◇ Punctuality守时
◇ Modeling榜样　　　　　　　　　◇ Clearness清洁
◇ Patience耐心　　　　　　　　　　◇ Orderliness条理
◇ Time时间　　　　　　　　　　　　◇ Obedience服从
◇ Contact交往/关系　　　　　　　　◇ Courtesy礼貌
◇ Sexuality性　　　　　　　　　　　◇ Honesty诚实/开诚布公
◇ Trust信任　　　　　　　　　　　　◇ Faithfulness忠实
◇ Confidence自信　　　　　　　　　◇ Justice公正
◇ Hope希望　　　　　　　　　　　　◇ Achievement/Diligent成就/勤奋
◇ Faith信念/信仰　　　　　　　　　　◇ Thrift节俭
◇ Doubt怀疑　　　　　　　　　　　　◇ Reliability可靠
◇ Certitude坚定　　　　　　　　　　◇ Precision精确
◇ Unity整合/团结　　　　　　　　　◇ Conscientiousness谨慎/认真

图3-1 佩塞施基安积极心理治疗的26种基本能力划分

细细分析,上述原发能力和人本主义、积极心理学所关注的人的潜能吻合,充满了对"爱"或者热议名词"正能量"的关注和首肯,而继发能力更倾向于要依据个体"认知"或者"理智"的判断。综观历史发展，尽管上述的心理需要在千年的历史发展史上保持相当稳定，但满足欲望的形式却在不断变化和更新，和现实中诱惑描述相对应。

需要与实现途径

如果大家感兴趣，可以看佩塞施基安教授的专著（如《积极心理治疗——一种新方法的理论和实践》）来理解上述 26 种需要的具体内涵。在这里我们仅需记住，佩塞施基安教授将这 26 项需要分为"原发和继发"两类。佩塞施基安教授假设，个体的需要有的生来就有（原发能力，我们可以称为"本体需要"），有的却是在现实生活中训练出来的（继发能力，我们可以称为"工具需要"）。一般而言，人们在成长过程中，有意或者无意地会将工具需要和本体需要相联系，将特定工具需要的满足与缺失等价于本体需要的满足或者缺失。

以我个人的生活经验为例。作为一个传统家庭长大的女生，我从小就被母亲训练"要有个女孩子的样子"，比如衣服整洁、书桌整洁、家庭整洁，权且出现了一次疏懒，母亲就会说："看看你这邋遢样子，哪像个女孩子！"其潜台词是"这么脏乱，你就不是个真正的女孩儿"，甚至有时会威胁我"你这样就嫁不出去了！"显然，母亲成功地将"条理"、"清洁"这两个继发能力和我的"整合"及"爱"的原发能力相联系。在多年以后，当看了佩塞施基安教授的这个理论，我才恍然大悟地意识到我为什么对桌椅、房间的整洁如此看重。不管多么忙碌，收拾房间一直是我自己的规定动作，不完成就寝食难安，因为看到这个乱七八糟的环境，我条件反射地就会有"我不是好女孩儿"、"我不配得到爱"的负疚和恐慌。

一方面，佩塞施基安教授强调人都会努力满足自己的需要；另一方面，佩塞施基安教授又巧妙地将个体的认知和情绪相联系，认为无论个体是否清晰地意识到它们，人们相应的童年经历会导致个体将一定的工具需要和本体需要相联系。丹·艾瑞里（2010）认为，这些联系一旦形成，我们会想当然地认为最初的决定是明智的且一直遵守，并且把我们以后的生活建立在这个基础上，追随最初印记塑造自己的成人生活。

例如，如果一个男人将为家庭提供"清洁（工具需要）"环境看做自己作为一个"合格父亲"被接纳、获取"爱（本体需要）"的基本条件，他自然就对污浊空气异常敏感，利用一切可能带领家人远离雾霾。但如果一个男人认为只有"勤奋"才能成为"榜样"，那么当工作需要他跳进污水池里，他一定会当仁不让，就像铁人王进喜不顾腿伤跳进泥浆池，用身体搅拌泥浆压井喷。

我希望图 3-2 可以让大家做出基本判断，个体基本能力处于洋葱内部，是潜变量，为了满足这些需要，个体一定需要通过一定途径、实施一定行为才能实现。

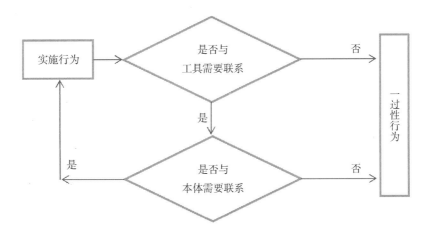

图 3-2　需要与行为的关系示意

欲望观

想想看，同样是挣大钱，结果却有天壤之别。也就是说，在金钱提供的诱惑面前，人们的选择千差万别，这样的现象在美国 NBA 球星里面比比皆是。

同样是在打球期间积累了大量财富，如乔丹、伯德等人，往往安排好了自己的财富增值路径，积极投资，退役后或成为球队老板，或成为教练，或当解说还能随时体味自己专业带来的乐趣。反观艾弗森、弗朗西斯等辈，越挣钱越堕落，放纵自己的欲望，退役后沦落得让人不忍多看一眼。

禁欲和贪欲

不管怎样说，外界的诱惑总是不断地诱使着自我去实现自己的欲望。于是，金钱、权势、名誉、地位、美女，都可能使自我陷入纵欲的追求之中。卢梭在《爱弥儿》一书中曾经非常形象地说过人受诱惑于外的情形，10岁受诱惑于饼干，20岁受诱惑于情人，30岁受诱惑于野心，50岁受诱惑于贪婪。最重要的，凡人均有欲望，人的区别更多体现在如何看待欲望。自古以来，对待欲望的两种极端性选择就是禁欲和贪欲，历史上的哲学家为此争论不休。

古希腊哲学家柏拉图认为，情欲从来是下贱的、恶劣的，而理智总是高尚的，理智应该制服欲望，就像奴隶主应该压迫奴隶一样。在宗教僧侣看来，人的物质欲望是魔鬼的诱饵，心灵的镣铐。近代一些空想社会主义者在批判私有制所带来的罪恶时认为，贪欲是万恶之源。同样，孟子提出"养心善于寡欲"，认为人的物欲与仁义道德无法相容；老子、庄子同样如此，老子说"见素抱朴，少私寡欲"，认为口、耳、目的感观物欲都是坏东西；宋明理学更是激励鼓吹"革尽人欲，复尽天理"的禁欲主义，把人的肉体和欲望说成是罪恶的渊薮，如朱熹说"圣人千言万语，只是教人明天理、灭人欲"，认为一个人只有完全摆脱肉体欲望，才能成为"圣人"。

与此相反，魏晋时期的《列子》等认为，人生短暂，所以人应当及时行乐。在西方，随着资本主义的兴盛，宗教禁欲主义受到否定，霍布斯和费尔巴哈都是如此，认为"人的感觉满足和肉体享受与人的道德生活是一致的，蔑视欲望就是蔑视道德"。显然，满足欲望也有其哲学根据。

尽管古代哲人对个体欲望管理进行了深入分析，贪欲和禁欲各有道理，但总体而言，在相当长的一段时间里，环境对普通人的诱惑有限，鉴于生产力水平低下，物资匮乏，只是苦于手段不足，力量不够，很多时候只有借助于文学、戏剧等艺术手段，通过移情来满足个体需要。比如施耐庵，通过他的文字我们推测他的观念是：一个有希望（本体需要）的社会必须是公正（工具需要）的。既然施耐庵生活在一个充满贪污腐化的社会，除了笔墨他又没有力量抗争社会，干脆就塑造出一个路见不平、拔刀相助的黑李逵，塑造得如此之好，以至于人们对他的滥杀无辜置若罔闻；比如曹雪芹，他认为一个志同道合、才华横溢的女子才值得去爱，既然现实生活中三纲五常无处不在，那他就自建一个大观园、塑造一个"从天上掉下来的林妹妹"；比如《金瓶梅》，在一个程朱理学盛行、社会环境异常沉闷的背景下，美丽、风骚的潘金莲应运而生，在幻想层面满足了个体的基本欲望。

如今，改革开放 30 多年来，社会进入物质丰富阶段，吃穿住行的诱惑层出不穷，很多人有条件、有机会实现心底的欲望。如果说苦行僧没有诱惑、回避诱惑，一般俗人过去没有条件看到外面世界的精彩纷呈，这么多年可就不一样了，桥架上了、路修通了，奇花异果触手可及，诱惑就在面前，真正的考验这才到来。以演艺圈这个名利圈为例，李代沫、黄海波、宁财神、房祖名、柯震东……2014 年娱乐版上演了真实版的"监狱风云"，一干华丽丽的主创人员坐上了"雪国列车"，在欲望的轨道上一直开了下去，直至出轨。其实，这些现象不足为奇，每个社会对于欲望的态度在经历了漫长的禁欲之后，往往都会矫枉过正再经历一段纵欲的阶段。显然，当代人对欲望的态度恰恰就是这种发展趋势的展示。

现在有很多人尽管比较回避纵欲说，但却同时强调人是欲望的产物，生命是欲望的延续。欲望是一切人类和社会产生、发展的根本力量。既然如此看待欲望，那么当有人由于满足欲望而违背道德时，采取包容态度自然水到渠成。估计没有人不知道普希金笔下的《渔夫与金鱼的故事》：渔夫的老婆起初的欲望只是想要一个新木桶，但得到了新木桶后，他马上就要木房子，有了木房子，她要当贵妇人，当了贵妇人，她又要当女皇，当上了女皇，她又要当海上的女霸王，让那条能满足她欲望的金鱼做她的奴仆，欲望逐步变成了贪念。人们都嘲笑贪婪的渔夫妻子，却往往忽视了现实中多少人都重复着同样的故事，多少人都是这样的得寸进尺、贪得无厌。

在佩塞施基安教授眼里，人的欲望不可否认，个体会为了满足自身的本体需要采取各种行为。以此观点出发，上面论述的"纵"和"禁"都是欲望形式，不同的时代赋予个体不同行为不同的含义，如果个体被灌输了并认可了某种观念，他就会以此为依据纵欲或者禁欲，满足其特定心理需要，如成为人的榜样，获得他人信任、尊重和他认为的爱。在禁欲年代，典型的禁欲主义者认为人的肉体欲望是低贱的、自私的、有害的，是罪恶之源，强调节制肉体欲望和享乐，甚至要求弃绝一切欲望，如此才能实现道德的自我完善、获取他人尊重，因此满足本体需要的方式比较含蓄、单一；在纵欲年代，极端的纵欲主义者认为人生的唯一价值就在于满足享乐的欲望，为美食、为美色，其他一切都是无所谓的，因而自我需要被放大，满足自身需要的方式夸张、多元。

节欲的意义

总体而言，当代人对欲望采取的态度更为包容和接纳。以最基本的情欲为例，成龙出轨了，他说"犯了天下男人都会犯的错"，人们仍旧称他为"大哥"，一呼百应；黄海波"嫖娼门"之后，网友压倒多数的观点是"不偷不抢，正当交易，作为一个明星不去打粉丝的主意，不威胁三线明星，不和导演一起潜规则新晋演员，对得起粉丝，对得起良心，怎么了？再说人家还没结婚呢！"从中可以看出网友心目中"正大光明"和"良心"的底线在哪里。

曾有纵欲者问苏格拉底："难道你没有欲望吗？""有"。这位哲人肯定地回答，"可我是欲望的主宰，而你是欲望的奴隶。"古希腊哲学家亚里士多德认为，放纵自己的欲望是最大的祸害；弗兰西斯·培根认为，人促进和完善其本质的欲望并且"把它扩展到他物之上的欲望"是一种"积极的善"。伊壁鸠鲁认为欲望可以分为三类，"有些欲望是自然的和必要的，有些是自然的而又不必的，又有些是既非自然而又非必要的"。他举例说，面包和水属于第一类；牛奶或奶酪属于第二类，人们偶尔享用这些东西；第三类是属于那些虚妄的权势欲、贪财欲等，理应舍弃。只有自然而又必要的欲望，才是善的。显然，伊壁鸠鲁已经看到了人的欲望的正当与失当的界限。理性主义哲学家斯宾诺莎说："幸福不是德行的报酬，而是德行自身；并不是因为我们克制情欲，我们才享有幸福；反之，乃是因为我们享有幸福所以我们能够克制情欲。"

当今社会，"欲望"大张旗鼓得到鼓吹，随处可见"一切皆有可能"、"心有多大，世界就有多大"的宣传，这种标语和人们常常表现出对外物的极端狂热和贪婪相互呼应，让人止不住地担心，"欲"字，是欠着的谷子，永远要欠着，永远填不满，又怎么能够得到满足呢？德谟克利特曾经说过："动物如果需要某样东西，它知道自己需要的程度和数量，而人类则不然。"而叔本华更是一针见血地说："财富就像海水，饮得越多，渴得越厉害；名望实际上也是如此。"

美国诺贝尔经济学奖获得者萨缪尔森①曾在前人的幸福理论基础上，运用最为精练的经济学术语提出一个著名的幸福公式：

幸福＝效用/欲望

等式中的效用，在经济学上表示从消费物品中得到的主观享受或满足。道理说得很简单，幸福和效用成正比，与欲望成反比，要获得幸福，最好不要让你的欲望影响你的生活。如果你发奖金拿到 1000 元，可是你期望的奖金是10000 元，1000/10000，幸福感只有 0.1；但如果你的期望是一张 200 元的购物卡，1000/200，幸福感是 5。如果拿人们耳熟能详的成语来解释，就是"知足常乐，欲壑难填"，也在提醒个体节制欲望的意义。

记得托尔斯泰写的一篇小说，文中的农民帕霍姆为了买到尽可能多的土地而不停地走。因为买卖双方约定从清晨到黄昏他走过的土地都将属于他，帕霍姆为此拼尽全力，最终力竭而死。这篇不长的小说如此结尾：

"他的仆人捡起那把铁锹，在地上挖了一个坑，把帕霍姆埋在了里面。帕

---

① 保罗·A. 萨缪尔森（Paul A. Samuelson，1915~2009），1935 年毕业于芝加哥大学，随后获得哈佛大学的硕士学位和博士学位。萨缪尔森的巨著《经济学》流传颇广。现在，许多国家的高等学校将《经济学》作为专业教科书。他于 1947 年成为约翰·贝茨·克拉克奖的首位获得者，并于 1970 年成为第一个获得诺贝尔经济学奖的美国人。

霍姆最后需要的土地只有从头到脚六英尺那么一小块。"

这一句话犹如晨钟暮鼓，让人心生无限感慨。这篇小说有一个稍带讽刺却又意味深长的名字：《一个人需要多少土地》。今日中国，我们的财富已经多到自己都无法计量，而社会各个阶层却普遍缺乏幸福感，旧问重提，更觉尖刻、急迫、咄咄逼人。该问题从被提出的那天起便萦绕不去，纠结百年，提醒人们要节制自己的欲望，但如何节制却从未有一个足以让所有人信服的答案。

当代人的欲望

在不知不觉中，个体进入一个"高诱惑、低悠闲"的时代。在这样一个环境下，个体的心理状态逐渐转变。

需要间的联系和实现途径

正如我们上文提到的，个体的欲望本质千百年来并无太大变化，变化的只是本体需要和工具需要建立的联系（Connection，以 C 标示）、满足欲望的外部途径（Methods，以 M 标示），如图 3-3 所示。因此，从一定角度上讲，管理欲望要了解需要间的联系 C 和满足需要的外部途径 M。

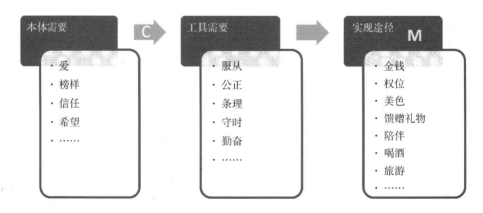

图 3-3　26 种基本需要的运作机制分析

C 没有变化，M 发生变化的实例

在此强调，爱是本体需要的核心，没有人不想得到爱，或者更为具体地，得到他人信任、成为他人榜样。这些本体需要都是相当抽象的概念，与人的情绪紧密相连，人一出生就知道被人爱、得到他人信任是多么好的事情。但如何才能得到爱？或者得到他人信任、成为他人榜样？在个体的社会化过程中，儿童的认知逐步发展，本体需要开始和特定的工具需要相联系，比如说服从。我们中国传统文化中有个核心概念"孝"，孝的本质就是"顺从"。二十四孝图中描述了那么多的孝义，郭巨的埋儿奉母在今天看来有违天理，受到人们的不齿，但细分析发现，更多人反对的仅是这种"埋儿"行为（M），认为郭巨用错误的方式表示了自己的孝，对孝本身却当做一个基本伦理加以接受。如果我说反对"孝"，那我就会被冠以"大逆不道"，可以说"孝"是汉文化价值观的公理性基础，是不用论证也没必要论证的道德根基。这个观念流传至今，虽然不再会有哪个父母想要用埋葬自己亲子的方式来表达自己对父母的孝敬，但还是有太多的子女在完成父母未竟的事业、圆父母未圆之梦。突然想起一个笑话很是应景。

儿子 5 岁，那天不好好学习，被他父亲修理了，儿子自言自语地说："这世上有几种笨鸟，一种是先飞的，一种是不飞的，还有一种是下个蛋，希望蛋飞的。"

这样，我们可以将图 3-3 具体化为如下内容，如图 3-4 所示。

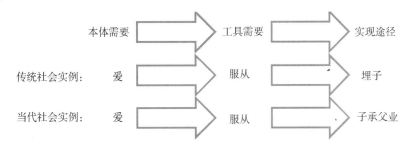

图 3-4　基本需要的运作机制 C 不变、M 变化的例子

坦率地说，我对传统的"百孝顺为先"中流露出的"服从等同于孝顺"的观念颇有微词，同时对"只有服从才能得到爱"相当抵触，在一个"以顺为荣"的环境下成长，自由成长从何谈起？

这个例子有些极端，我们再看看冰箱的使用。在19世纪末，只有专门造了冰库的富人才能享受到冰箱，绝大多数人奢望的只是一个冷藏柜。那时候，冰箱最重要的用途之一是在轮船上。大型冷藏库意味着船舶能够在长距离航行中运载食用鲜肉，如羔羊肉能从新西兰出口到欧洲。现在呢？冰箱是日常人家的必备电器，描述一个人家境贫穷可以说，"家里连个冰箱都没有！"100年的时间，冰箱的含义已经从财富和成就的"奢侈品"转向没有就是失败的"必需品"。

C 的变化

事实上，更多的时候不仅 M 会发生变化，C 也会发生变化。

我想大家都不会对虎妈猫爸陌生。

属虎的美籍华裔母亲蔡美儿成长于精英家庭，为了杜绝"富不过三代"的魔咒在自家应验，将父辈的森严家规一脉传承，和两个女儿约法"N"章：不许在外过夜；不许参加玩伴聚会；不可以经常看电视或玩电脑游戏；不能选择自己喜欢的课外活动；任何一门功课的学习成绩不能低于"A"；不许不学钢琴和小提琴……在这位虎妈的严格调教下，大女儿索菲娅14岁就把钢琴弹到了世界音乐的圣殿——著名的卡内基音乐厅；小女儿路易莎在12岁那年，当上了耶鲁青年管弦乐团首席小提琴手。虎妈信奉中国传统的"养不教，父之过"，坚信爱他就要规范他，不打不成器，她需要他人"服从（工具需要）"就是她爱孩子（本体需要）的具体体现。

常智韬，他坚信教育也可以很温柔，踩着轻松的步子和孩子跳一场圆舞曲，就像猫一样，被媒体称为"猫爸"。常智韬先生践行"因材施教"的教育原则，"主张对子女采用个性化教育"。他用民主、宽松的教育方式教育女儿，女儿常帅在与美国最优秀学生的竞争中获胜，去年被哈佛大学录取，成为"哈佛女儿"。当地报纸称常帅"跳舞跳进哈佛"，这个女孩坚持跳了12年舞。更让莘莘学子"羡慕嫉妒恨"的是，这个经常因跳舞出访或者演出而翘课的女孩，在上海七宝中学的学业成绩名列前茅，年年都获得奖学金。"猫爸"相信个体的潜能，认为"好孩子都是夸出来的"，他对孩子的"信任"（本体需要）、"公正（工具需要）"都是他爱孩子（本体需要）的具体体现。

再看看我们对希望的看法。大仲马说"人生的全部智慧就在于等待与希望"，可见"希望"对人生具有重要意义，一个有希望的未来可以让人精神百倍，挖掘出巨大潜能，但何谓"希望"，不同时代的人的看法却很不同。有人认为"努力就有希望"，将"勤奋（工具需要）"和"希望（本体需要）"连在一起；有人认为"不公正，何来希望"，将"公正（工具需要）"和"希望（本体需要）"连在一起。

当代联系与实现途径特点

综上所述，不同年代中的不同观念将"本体需要"和"工具需要"联系起来，它们各有各自存在的道理，但也各有各的局限。我们将目光聚焦在这个高诱惑、低悠闲的现实社会环境，个体 C 和 M 表现出了怎样的特点？

以浅思考为基础

先简单介绍一项心理学、行为经济学和政策研究学者协作的典范研究。美国一个跨学科团队完成了一项对资源稀缺状况下人的思维方式的研究，结论是：过于忙碌的人有一个思维特质，即注意力被稀缺资源过分占据，引起认知和判断力的全面下降。该研究主导者哈佛大学终身教授穆来纳森（Sendhil Mullainathan）认为，现代人中的成功者似乎唯一缺少的就是时间，脑袋里总有不同的计划，想把自己分成几份去"多任务"执行，结果却常常陷入过分承诺、无法兑现的泥潭。他认为，这个时候即使给了这些人一些时间，他们也无法很好地利用。因为在长期资源（不仅包括时间，也包括钱、有效信息等）匮乏的状态下，人们对这些稀缺资源的追逐已经垄断了这些人的注意力，以至于忽视了更重要、更有价值的因素，造成心理的焦虑和资源管理困难。也就是说，当你特别没时间的时候，你的智力和判断力都会全面下降，从而进一步导致失败。看完这个研究结论，我恍然大悟，想到了自己是如何大把大把地浪费掉孩子外出游学时，能够完全自我掌控的 10 天整装时间；我也终于明白了自己为什么总是荒废父母帮我带孩子，给我的半天集中学习时间，而我却无所适从、轻易荒废、一事无成的奇怪行为，原来我是由于长期处于时间资源缺乏而培养出了"缺失头脑模式"，导致失去决策所需的心力——穆来纳森称之为"带宽"（Bandwidth）。就像一个穷人，为了满足生活所需，不得不精打细算，没有任何"带宽"考虑投资和发展事宜；而作为一个过度忙碌的人，为了在截止日期前完成紧急任务，而没有"带宽"去安排更长远的发展。即便他们摆脱了这种稀缺状态，也会被这种"缺失头脑模式"纠缠很久，在没有截止日期督促的情况下，无法专注于任何任务，更没有意识从容规划自己的未来愿景。

在缺失头脑模式的作用下，个体思维不仅失去战略高度，即使对特定具体事务的分析深度和广度也都严重退化。还是用故事来解释这个观点。

大家对北京地铁的设计满意吗？很多人都抱怨北京的地铁换乘太麻烦，现在的设计路线还不如 20 世纪 80 年代建设的一号线、二号线的换乘站设计。在网上，在自媒体上，大家都嘲笑北京 13 号线的换乘站："设计师的脑子被门挤了吗?!"理性分析一下就会明白，这种设计的主要目的就是要为人流变化提供缓冲。如果在两个站台之间有 50 米路，那么当所有人都到一个站台时，压力很大；如果变成 500 米，那么自然就会由于人流步行速度的差异分成几个小人潮，降低单线路客流量压力。

很浅显的道理吧？可惜人们并没有给自己提供一个基本的思考条件：安静下来。

在这个迅猛变化的社会环境中，10 年前的人们谁能想到 10 年后的今天人人都有手机，随时可以上网发布或者获取信息，网络上海量信息及时更新。人们依赖本能都知道自己喜欢什么，人们都习惯了手机不离手，时刻准备着和外界取得联系。我曾经尝试在上课的时候将学生的手机收集到讲桌前台，其目的是让学生专心听讲，不想适得其反，学生中有相当比例都有"手机离手焦虑症"，手机放在手里还能集中几分钟精力听课，仅仅是抽空看看手机，如果手机不在手边，这个人就完全失控，焦虑不安、无所适从。

抬眼望，公共场所人们在用电话大声交谈，私人独处时就低头刷微博、看微信或打游戏。或喧嚣地忙碌，或孤独地忙碌，唯独缺少一种心灵的独处。我曾经多次在地铁上观察旁人，一般情况下，一个长椅上坐着的 6 个人中大体有 1 个发呆或瞌睡，2 个人在玩游戏或者看视频，2 个刷微信、微博，还有 1 个是在打电话或者"阅读"。阅读上带引号是因为我借助我的好眼力看到他们的阅读内容：以网络文学为主。坦率地说，我一直坚持认为，网络文学中能写成作品（如《明朝那些事儿》）的凤毛麟角，即使达到这个水准，该作品对文字的把控能力离文学经典还有相当差距，而真正的阅读应该是指，你忘记周围的世界，与作者一起在另外一个世界里快乐、悲伤、愤怒、平和。阅读一本书的过程就是一段无可替代的、完整的生命体验，这不是那些碎片的资讯和夸张的视频可以取代的。当然，阅读文字本身似乎都有被视频、网络侵蚀乃至替代的趋势，我们的表达也可以很容易通过视频、图片得以实现，阅读似乎越来越不是我们现代人生活的必要能力，但我对此判断颇不以为然，思维是人类意识王冠上最为璀璨的明珠，而无形的思维需要有载体，它就是文字。线形排列的文字促进了个体逻辑组织、有序结构和抽象思维的发展，在要求人具有更高的"自制能力，对延迟的满足感和容忍度"、"关注历史的延续性和未来的能力"的同时也在强化个体这些能力。没有文字，个体的思维能力必然走向弱化，"浅阅读"伴随的必然是"浅思维"，浅思维意味着个体的独立判断能力下降，很容易受到他人的影响、人云亦云随波逐流，失去自我、迷失自我。网络上的"标题党"盛行，"眼球经济"日益活跃都和个体的"浅思维"状态密切相关。与此相关，社会上一些"心灵鸡汤"的只言片语应者如云，而对其适用条件及其局限绝少反思和批判。

物质化

人天生不喜欢抽象的东西，太抽象的词语让人感到乏味，而形象化的想象是我们人类最基本的需求之一。心理学中有一个术语"鲜活性效应[①]"，指的就是这种认知倾向。浅思维更是强化这种认知倾向，用人眼睛能够看到的、容易进行量化的指标做出各种判断。站在个体角度，一个人是否足够成功，就是有多少资产、住多大的房子；一个人嫁得多好，就是说她戴了多大的钻戒、举办了多么盛大的婚礼、多少名人前来道贺；站在政府角度，一个官员为官一任是否造福一方，就要看这个地方的 GDP 上升了多少。有调查发现，官员升迁和当地 GDP 的上升幅度明显相关。显然，这些眼睛看得到的、可以量化的指标往往具有一个共同的特点：物质化。

突然想起我大学同宿舍的妹妹，刚上大学的时候向我们炫耀她的初恋男友，她说："他对我可好了，天天上学给我拿巧克力！"我还记得我们当时由衷发出的艳羡之声。等我们长大了，才知道这种"好"是多么的肤浅。

当然，现在的小姑娘估计不会因为巧克力而被一个人感动，但这种物质化的趋势有增无减，整个社会都开始遵从这个标准进行推理："送你这么贵的礼物，说明人家对你多好啊！""郭敬明真牛，那么多粉丝、挣那么多钱！""那是个牛孩子！考试次次年级第一！"这种类似的语句说得理直气壮，听者也往往点头认可。但我大不以为然，如果礼物贵贱是评价好坏的标准，为什么那些被包养的"金丝雀"怨妇多多；吴晓波在《锵锵三人行》里明确说，"他认识很多中国最有钱的人，他们都不快乐！"俞敏洪也在多个栏目中表达："我不快乐，太忙了，从来没有自己的自由时间。"什么样才能叫做"牛"？考试对

[①] 当我们面临问题或决策情境的时候，人们会从记忆中提取与当前情境有关的信息。人们倾向于利用更容易获得的、能够用来解决问题或做出决策的信息。事件的鲜活性是对可获得性造成强烈影响的一个因素。

学生很重要，但人的一生最多考到 28 岁博士毕业。你要考一辈子吗？教育界里一个很有名"10 名效应"，大量观察表明"学习最好的孩子往往在工作中没有保持出类拔萃，相反考试 10 名左右的孩子在未来的发展中更理想"，您想要 20 年发展期的出类拔萃，还是未来 30 年的职场成功？

所有的这些例子里，人们将爱等价于金钱，将自己的成功简化为金钱或者排名，但人们要的就是成功吗？事实上，人都希望得到尊重、接纳和爱（本体需要），而太多的人认定"只有取得成就才能获得尊重和爱"。

看看下面一段"心灵鸡汤"，大量人点赞、转发就很好地说明了这个问题。

一个国家强大起来，周边的国家都主动来建交；

一个家庭强大起来，亲戚和朋友都愿意来拜访；

一个男人强大起来，就会有很多女孩子想要嫁给你。

无意识的情绪连接

正如佩塞施基安教授所言，我们个体的需要可以划分为本体需要和工具需要，本体需要是根本，是人生而具有的本能，而工具需要是在个体不断社会化过程中，为了满足本体需要、在不断尝试实现的过程中逐步习得的行为习惯。如果不是充分深入自省，个体很难清醒意识到自己本体需要和工具需要的联系。如果意识到不到它们之间的关系，人们就会下意识地按照自己的习惯去遵循工具需要的途径。这种长期效应会渗透到我们未来所做的很多决定中，往往导致我们在遇到各类环境时，自发产生相应的情绪而不自知。

以自身为例，我潜意识中将"清洁（工具需要）"和"被接纳和得到爱（本体需要）"联系起来，我看到脏乱时的反应就很像失去爱一样的惶惑；而我先生，他的"清洁"和"爱"并没有如此显著的联系，所以他根本就看不到桌上的灰尘，也不会因环境如此而感到情绪不佳。刚刚结婚的时候，我们夫妻常常为家里的整洁条理争吵。记得有一次我出差回来，先生已经做好一桌饭菜，我对此满满的爱意熟视无睹，马上对杂乱的厨房心生恐慌，觉得自己要在一个猪圈里生活是如此不堪！他也很愤怒，忙碌了一天做的色香味俱佳的饭菜，就在我收拾房间的两个小时里失去温度和光泽。好在我是学心理学的，在细细琢磨之下终于从直觉的情绪反应中梳理出了自己的认知和情绪的联系，并对先生坦诚相告。现在，我自愿担负起清洁家庭的琐碎事务，既然他看不到就不必强迫他如我一般对家庭整洁如此斤斤计较；而老公做饭后也会自觉整理厨房，以免刺激我过敏的"条理清洁"观念。

这样的例子比比皆是。我们可以从很多企业、组织的宣传语中看出端倪，"爱拼才会赢"，显然是将"勤奋（工具需要）"等同于"希望（本体需要）"。在这个快速变化的社会中，"终身学习"成为一种信念，多少中年人深陷"中年危机"无法自拔，深感后生可畏，稍一懈怠就要被晋升机制所淘汰，他们将"成就（工具需要）"等同于"接受、整合"等本体需要。相反，也有人秉承自己的工作理念"淡定地拼"，显然，他们就没有将"成就"和"接受、整合"等本体需要紧密连接在一起。

总之，不同的"本体需要"和"工具需要"联系会产生不同的后果。我们并不想对这些联系进行对错评价，但对这种联系有一个清晰的认识，摆脱这种无意识状态是你管理自己行为乃至未来生活的第一步。

或许我们对于一个经济还在迅速发展变化的现实不应过分苛责——过于忙碌是压力所迫，并不是一个人的过错。我其实更想说的是，个体需要那种让人独处而不寂寞、与另一个自己（自己的灵魂）对话的空间。高速运转的生活总是让人疲倦，我们需要有短暂的"关机"时间，让自己只与自己相处，阅读、写作、发呆、狂想，把引发个体"快乐"和"意义"的灵魂解放出来，梳理清楚再开始生活才能更有规划；如果就此疏远了思考和规划，我们就会失去方向，并在未来付出代价。只有慢一点、放松下来，才能摆脱"缺失头脑模式"，成为具有独立思考能力的个体。

总之，个体浅思维大行其道，人的判断就会更多地依据人的本能、利用直觉做出自己的直观判断，快速做出判断和决策成为个体行为准则。在此背景下，财富、权位这些显见的指标就更容易得到人们的关注，从而将它们等同于成功，进而借助"成就（工具价值）"等同于"接纳与爱"的观念链引发个体情绪。目前，"一切向钱看"的单一价值观大行其道，甚至有人说，整个中国社会自上而下对财富的渴望近乎宗教般狂热。人们对此习以为常，司空见惯，本该为人称道的财富积累过程显得那样愚蠢短视，恶果明显。

　　一个记者朋友在 20 世纪 90 年代初期去一个制造假药的乡村调研。在地头，他忍不住问村长："你知道那些假药会害死人吗？你的良心在哪里？"村长用手指着身后一排整齐而高耸的民房，中气十足地大声对他说："我最大的道德就是让我的乡亲们富起来。"

这个几近荒诞的故事，的的确确是社会高速发展时期我国社会的财富逻辑，我们每一个人都被裹挟其中，成为参与或旁观的一员。这种财富观蔓延到投资领域，表现为通过各种不正当途径攫取财富，再以其他不当的方式进入市场。炒房、炒绿豆、炒大蒜，民众复杂的心态通过这些现象微妙地折射出来，财富成为一种导致人们难以获得平静的东西。正如王宁[1]描述的：

（当代人的）生活意义的主要来源已经不在于休闲，而在于占用物质财富和消费品。收入的提高，提升了人们占有物质财富的经济能力和欲望，而消费借贷与分期付款制度则进一步提升了这种能力和欲望。由于社会地位的竞赛变成了具有可视度的物质财富（如住房、汽车、奢侈品等）竞赛，导致人们为了追求更有力的相对地位而进行消费竞赛。这种竞赛使得体面的消费标准水涨船高，为了满足这种生活标准的不断提高，人们不得不拼命地工作。而消费借贷所产生的家庭债务（如住房按揭），使雇员担心失业造成家庭经济破产，并愿意为保住职业而努力工作，从而延长工作时间，而工作时间的延长，进一步强化了人们从消费与物质财富的占有来获取生活意义的趋势，这反过来又继续把人们推入了消费主义的竞赛轨道。于是，尽管人们财富增加了，消费水平提

---

① 王宁. 压力化生存——"时间荒"解析 [J]. 山东社会科学，2013（9）.

高了，但人们的幸福感却不能同步增加。……人因此陷入了消费主义的"松鼠笼"。

这样，在不知不觉中，个体在"高诱惑、低悠闲"的环境下，心理状态逐渐转变，浅思维导致个体的 C 被忽视，人们希望得到的诸如"爱、接受和信任"等本体需要都被个体所能马上看到的"权力"、"金钱"和"美色"所替代，原本是用于满足个体本能需要的实现途径 M 成了个体能够意识到的行为目标和追求。

我的基本观点是：个体的本体需要都是相似的，但满足其需要的途径各朝各代各有各的不同。我们这个时代激发的不是欲望本身，不管我们是否认可，它就在那里，这个时代激发的是充满物质化的欲望实现途径 M。人们买椟还珠，舍本求末，为了满足各自的本体需要，却又放任自己的情绪本能专注于实现途径，本末倒置。

我们不无悲观地看到，多少个体对财富有那样强烈的向往，同时，财富与幸福之间存在着如此大的对立。贫穷注定无法幸福，然而，认为有足够多的钱便能幸福的观点也被证明是南辕北辙。一个人需要多少钱才能幸福已成为一个十足的伪命题，我们已到了重新思考"如何才能幸福"这个命题的关口。

令人欣慰的是，不同阶层、不同身份的人开始从不同角度加入这样的思考，他们以各自的努力去破除之前"金钱万能"留下的种种弊端。他们不再视金钱为第一准则，而是把它还原成觅得幸福的众多途径之一。幸福不在于财富的多少，而在于财富的拥有者能否自觉节制欲望，不把过多的注意力浪费在钱上。一种健康合理的财富观，需要社会各阶层不断地努力，从而以寸进之功，破除积重之弊。

佩塞施基安教授强调了个体各种需要"度"的问题，他认为人的各种需要都有其积极面，但如果本体需要和工具需要的连接弹性不足、过度强化满足工具需要的各种形式，人就会在生活的各个领域出现冲突。也许，在这个以追求"财务自由"为第一要务的时代，需要进一步强化悠闲、共处后得到的良好情绪。

欲望激发下的幸福发展

龚咏雨[1]说："现如今是极为特殊的历史转折期，物质文明发展到这一步注定了整体的精神（信仰）缺失、灵魂空虚、物欲横流，人们的精神堕入虚无主义，只能沉浸在金钱物质欲望和肉体感官刺激中，有各种不安和痛苦。这绝不是我们这个星球上生命的悲剧，而是任何一种生命在发展进程中注定的悲哀。"

这是一句很悲观的预言，但很不幸的是，我们从当代幸福的发展特点中看到了这一发展趋势：幸福走向空心化。基于幸福的花心模型，我们得到了这个结论。

意义感的弱化

不可否认，人的意义感思考仰仗于每个时代的精英，或者说是知识分子，因为他们是社会文化的主要传承者，只有他们才能引经据典、博古通今、继往开来。目前的教授和专家是何等表现众说纷纭，虽然笔者一直认为依据媒体选择发表的"叫兽"、"砖家"观点评判知识分子的节操并不公平，但这个快速变化的年代，调侃意义感、否认价值的现象比比皆是。原有的美好事物被不断剥离或者否认，王力雄在《渴望堕落》一文中写到，中国知识分子与其传统观念已经发生了许多背道而驰的变化，同时却和王朔笔下的痞子出现了越来越多的相似之处，这就是对于"堕落"的渴望。社会的精英——知识分子权且如此，国人更是以各种各样的方式堕落并炫耀自己的堕落，甚至将其包装为一种时髦和时尚。多少人追着明星，以"脑残粉"自居；多少人被冠以"屌丝"、"学渣"而不以为耻反以为荣；文章出轨、黄海波嫖娼，多少人就不相信爱情了，而不一定哪一位明星秀一秀恩爱就又相信爱情了，而对于"什么

---

① 龚咏雨. 重大人生启示录［M］. 中国香港：中文大学出版社，2013.

是爱情"从来不做深入思考，将"心灵鸡汤"看为科学，奉为经典。

近年来，反智主义（Anti-intellectualism）声势浩大，就从一个侧面反映了精神弱化的现实。还是讲个现实中的例子①。

天涯的"天涯时代"版块，在 2009 年 9 月举办了一次"天涯车友会 Logo 征集大赛"，参赛作品约 30 件，最后著名的"27 号"勇夺桂冠。在总共 3227 张投票中，27 号作品获得 1627 票的支持，支持率超过 50%，而第二名的得票数还不到它的 1/5。绝对的、毫无争议的、毋庸置疑的众望所归。

本来这也不值得过多关注，所谓"人民的眼睛是雪亮的"。但是，如果真的看到 27 号，你肯定会放声大笑并感到不可思议，因为这个粗陋的 27 号简直不能算是一个"设计"（如图 3-5 所示），充其量是一个毫无意义的涂鸦，即使让一群小学生来做这个 Logo 设计，这件"作品"的水准与之相比也算是相当糟糕的了。而且，任何审美能力和社会经验正常的人都可以看得出，在所有参赛作品中，几乎随便挑出一件都比这个涂鸦要更像"设计的 Logo"。就是这样一个作品获胜了，大获全胜，这简直是一个上千人约定好的恶作剧，令那些精心准备并大力拉选票的"严肃的设计者"感到一种无奈的愤懑，也令主办方哭笑不得。而这个歪歪扭扭的图案只是一言不发地站在排行榜的第一位，在身边的柱状图所显示的绝对优势中，得意洋洋地宣告着人类日常经验和逻辑的破产。这种不严肃、戏谑、调侃和恶作剧的态度，反映出的是一种现代性下的

图 3-5　27 号作品

---

① 取自 http：//blog. tianya. cn/blogger/post_show. asp？BlogID=41917&PostID=19055487，有删减。

意识形态：人们只是想以娱乐的心态，用一种不自觉的、感性的、近乎本能和潜意识的、灵机一动的"恶作剧"方式反映现实，达到愉悦身心的目的，其行为意义并不在现代人的考虑范围之内。

快乐感的外化

如果上文中"弱化的精神"还是在讨论个体幸福中"意义感"的消逝，让人们似乎心存期盼：即使没有意义，我们还是可以欢天喜地享受快乐，尊重"趋乐避苦"的本能并不是什么错误，但怎么才是快乐？每个人都有各自的判断依据，甚至一个人在不同的阶段其判断依据也有变化。当人们分析自己快乐原因或者判断他人是否快乐时，人们会习惯性地先要寻找那些显而易见的外在原因，如果外部原因足以对个体的快乐做出解释，人们就不再寻找内部原因。人在很多条件下都能获取快乐，如因为获取爱，拥有健康、荣誉、知识、德行等，当然还有听到"我爱你"的深情告白、山呼万岁的权力、各种学位证书和技能证书、和金钱相关的豪宅游艇和私人飞机。请大家将上述内容依据抽象程度进行区分，显然，个体对"爱、荣誉、德行"的理解会随着个体思维水平的提高有不同的判断，"告白、权力、证书和金钱"显然是更为外在的评判标准，或者有时候"告白、权力和金钱"往往只是"爱和荣誉"的外在表现。亚里士多德说：

"我们选择荣誉、快乐、理智，还有所有的德行，都是因为它们自身的缘故，即使我们的选择不会带来进一步的后果，我们还是会选择它们……我们为了它们本身而选择它们，而永远不是因为其他别的什么。"

随着意义感的弱化，我们可以想象上述拥有本体价值的因素必然会受人忽视，依据"过度理由效应"，幸福在社会的加速变化期表现出一种"外移"的转变趋势，幸福的来源从更多依赖于对意义的追求，已经转变为更多仰仗于快乐享受，而快乐的来源也更趋于外部因素。这种"趋乐避苦"的本能选择促使现实逐步应验尼尔·波兹曼①的观点：娱乐至死。

"娱乐至死"时代的基本思维特点就是更多关注可度量的、可观测的事物，如"金钱和权力"。这样，个体的快乐就处于一种尴尬的境地：一方面，愉悦是和相当高的稳定感相互联系的，只有个体对事物具有相当掌控性的时候，他才能把玩娱乐，心生快乐。另一方面，金钱和权力天然的就具有不稳定性，金钱可以挣来，就有可能赔出去；权力更是如此，大家都知道处于权力巅峰的皇帝被称为"孤家寡人"，从这个称呼中就可以看到"一将成名万骨枯"的肃杀之气。进一步而言，当外部因素消失（或者对外部因素趣味索然）的时候，个体对事物自身的关注将难以为继。这样，我们得到一个令人遗憾的结论：随着社会的加速发展，个体的幸福感逐渐从"高幸福状态"进入一种"幸福尴尬状态"，想维持原有高幸福状态的难度增加；而没有意义为依托，追求极端"快乐"的个体常常迷失成长方向。

其中，最为典型的迷失是被激发的欲望所困，沉浸在物质贪欲中无法自拔。吴晓波在他的《财富与幸福》中对此现象进行了形象的描述，他说：

"世界上没有哪个国家像当下的中国，对财富有那样强烈的向往；也没有哪个国家像当下的中国，财富与幸福之间存在着如此大的对立。"

本章主要的观点是：在这个高诱惑、低悠闲的时代，我们的欲望从方方面面得到充分激发。我们既需要欲望提供的动力、乐趣和方向，也需要警惕被它带偏。现在到了深入清点我们生活中本体需要与工具需要的时候了，因为正如很多人说的"变化是我们这个世界中最稳定的东西"，了解变化中个体幸福的发展变化是应对变化的重要一步。

---

① 尼尔·波兹曼（Neil Postman，1931~2003，世界著名的媒体文化研究者和批评家）．娱乐至死（Amusing Ourselves to Death）［M］．桂林：广西师范大学出版社，2009．

在一个生怕被社会抛弃的"推优"时代，我们已经忘记了雨中漫步的浪漫，忘记了课间打闹的欢愉，忘记了轻松愉快的家庭时光，忘记了一个人的责任感和成就感。

——作者感言

第四章

幸福的反面：消极情绪

首先邀请大家参加一个模拟实验，我们权且将其称为"水果痴者"。

实验简介：

请您手拿一个 iPad，屏幕上会不断飘下各种水果，注意啊，您不是忍者，您喜欢吃水果。想要获取更多的水果，就需要您不断地在水果上留下自己的标记，表明该水果为您所有；每类水果都有各自的分数，获得分数越高越好。游戏没有故事情节，没有关卡任务。您在游戏模式里面，尽量获取更多的水果，同时避免水果炸弹，尽可能把自己的最高分数长期停留在榜首。

打分规则：

水果得分在整个游戏过程中并不确定，它对每一类水果的评分高低是随机改变的；虽然不像水果分数变化如此频繁，水果炸弹减分同样不确定，而且其外形也会有变形，一段时间炸弹外形像苹果，但过一段时间它的外形又类似于菠萝——除了一个长长的尾巴一直跟着它；整个游戏的结束时间和触碰水果炸弹的次数相联系，触碰一次水果炸弹减少相应的分数。游戏结束的时候谁的最后得分高谁就是高手。

游戏界面左上角是分数，一般点到一个水果就增加若干分数；右上角会有三个黑色交叉，每丢一个水果，就亮红一个交叉。分数达到

100 的整数倍，消除一个亮红的交叉。

试玩心得：

作为一款简单有趣的游戏，"水果痴者"的确简单，容易上手。但要拿高分，却不是一件容易的事情。有时候，在某一段时间看某类水果分高就赶紧忙不迭地获取这类水果，如果没有及时兑现，这些水果的打分可能会突然下跌，以致分数大幅降低；但有时候某类水果的分数又比较坚挺，如果频繁兑现，又会感到浪费了时间，以至于没有获取更多水果。

大家想想，该款"水果痴者"游戏是不是这个"高诱惑、低悠闲"时代的简约版？面对这个不断变化的社会，社会评价体系在不断变化，每个年代都有每个年代的英雄。所谓的"50 年代嫁英雄，60 年代嫁贫农，70 年代嫁军营，80 年代嫁文凭，90 年代嫁大款，00 年代博眼球"，生动地看到了不同时代不同的选择，50 年代军人是"天下最可爱的人"，60 年代"三代贫农"会成为个人引以为傲的个人资本，但时过境迁，很快，我们就又开始要文凭、又开始喜欢金钱。有一句老话叫做"三十年河东三十年河西"，描述这种世事弄人，在我看来这句话中的"三十"可以减去一个字成为"十"，甚至"三"更符合现在社会的发展速度。"三年河东三年河西"，看看我们心仪的手机，三年前你喜欢的诺基亚在哪里？现在喜欢的苹果，三年后会变成什么？

可以想象一下我们现在的生活环境，小时候一起长大的伙伴，由于一个选择的不同，两个人的生活可能就已经天差地别；有时一些好处明明有承诺，但我们按部就班走过去，政策变了，这个好处就没有了；比如买房，在不久以前房子是用来住的，现在，很多房子是用来投资的，在十年前投资房子的北京人都成"地主"，达到财务自由了；但如果当时没有意识到这个问题，那现在的生活估计就是各种"奴"的集合体了。张爱玲说"出名要趁早"，原来的我只是猜测她是体会到了出名的好处，才发出这样的感慨，想要多享受几年好处。但现在的我倒是觉得这句话的道理在于，如果当时不抓住机会，很可能后面就没有机会了，损失不可避免。

丧失之痛

我们穿越沙漠时能多喝上一瓶水当然会更舒服，但如果少带了一瓶水可能会让我们命丧黄泉，正如 Pliner 说的，尽管收益能够改善我们的生存和繁衍前景，但重大的损失却能让我们彻底"出局"，所以从进化心理的角度也能很好地解释，我们总是把注意力集中到自己会失去什么，而不是会得到什么。总之，以下三类适应性行为导致了我们当代人会感受到更多的丧失之痛。

幸福适应性

进入电影院，刚开始的时候觉得漆黑一片，可过了一段时间就能看到东西，这是眼睛的适应过程；进入一间堆满鲜花的房间，刚开始觉得芳香四溢，可过了一段时间就闻不到香味了，这就是感觉适应。一个人不仅会对视觉、嗅觉等产生感觉适应，情绪上同样如此。当幸福久了，一个人就会对自己拥有的习以为常、不以为然，Brickman 等（1978）研究显示，在经过一段时间的调整后，彩票赢家的幸福感就不再比对照组高出很多，这就是幸福的适应问题。

这么说有些抽象。我讲一个北欧之旅的小插曲。

利用假期，我踏上了号称"世界最美"的奥斯陆——卑尔根铁路线，火车穿越森林、高山，高原湖泊和积雪覆盖的山峦相映成趣，难以言表的美景让我眼花缭乱，我忙不迭地拍照，刚在火车车厢左侧拍得不亦乐乎，就听到右手有伙伴惊呼，赶紧冲过去。估计是我那种不可遏制的兴奋打扰了旁边的一位女士，她温和地抬起头对我说"Do you like it?"我这才意识到，自从上了火车，那个在窗口一声不响的女士正在埋头编制毛衣。我略带歉意，赶紧回应"It is so beautiful"，忍不住地由衷感慨："生活在这里好幸福啊！"那个友好的女士平淡地说道："Really？I just think it is boring，maybe I should go to visit The Great Wall。"真是身边无风景，想起那句有名的调侃，"这里是好山好水好无聊，那里是好脏好乱好热闹"。

从幸福的适应性扩展开来，奚恺元教授在幸福的适应效应研究中提出，所有的事物都可以归为以下四类，如图4-1所示：容易适应的好事、不容易适应的好事、容易适应的坏事和不容易适应的坏事。一般而言，容易适应的好事往往是稳定的、与物质相关的享受，如住大的房子，开豪华的汽车等；不容易适应的好事往往是不断变化的、可带来惊喜的享受，如旅游、社交、艺术创作等；容易适应的坏事往往是指稳定的、物质上的匮乏，如住较小的房子或拥有较低的收入；不容易适应的坏事往往是不稳定或不可控制的、不断带来焦虑的痛苦，如受老板的气或从事危险的工作。奚恺元教授的建议是，在追求幸福的时候，我们尽量要追求不容易适应的好事，而在避免不幸时，应尽量避免不容易适应的坏事。

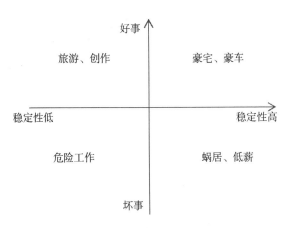

图4-1 奚恺元的幸福适应性两维度示意

所有者效应（Mere Ownership Effect）

我们迷恋自己的所有。早在 100 多年前，威廉·詹姆斯①将个体划分为物质自我、社会自我和精神自我。社会自我和精神自我并不需要做任何解释，这里要说的是物质自我。物质自我指的是真实的物体、人或地点；或者可以划分为躯体自我和躯体外自我。很明显，躯体自我是我们身体的组成部分，但我们对于自我的感知却并不仅限于我们的身体，还包括孩子（亲戚）、家里的猫咪（宠物）、我们的座驾（财产）、老家以及我们刚刚清洁好的地面（劳动成果）。

物质自我的所有部分都是结合了最重要利益的本能偏好的目标。我们都有一种盲目的冲动，这种冲动关注着我们的躯体，为它装饰上华美的服饰；关爱父母、妻子及儿女；力图拥有属于我们自己的房子。

同样的本能冲动驱使我们积累所有物（Possession），财产因此成为经验自我的组成部分。与我们关系最为密切的财富是我们为之付出最多努力的……尽管我们因为财产的损失而感到的失落部分归因于我们体会到这些损失将再也不会给我们带来任何预期的好处，然而每一个例子都有一种我们人格的缩小感，自我想着虚无的部分改变，这就是自我的心理现象。②

已经有大量研究支持詹姆斯关于所有物和自我之间紧密联系的经验性论证。可以说，把所有物看做自我一部分的趋势贯穿于我们一生，这个规律可以很好地解释为什么那么多人很不舍得丢弃旧衣服或早已没有用处的东西。

这让我想起了那一对让人羡慕又让人无奈的夫妇。那是一对典型的中国式夫妻：老公是挣钱的耙子，老婆是攒钱的匣子。随着家庭财

① 威廉·詹姆斯（William James，1842~1910），美国心理学之父。美国本土第一位哲学家和心理学家，也是教育学家，实用主义的倡导者，美国机能主义心理学派创始人之一，也是美国最早的实验心理学家之一。1875 年，建立美国第一个心理学实验室。1904 年当选为美国心理学会主席，1906 年当选为国家科学院院士。2006 年，詹姆斯被美国的权威期刊《大西洋月刊》评为影响美国的 100 位人物之一（第 62 位）。

② 威廉·詹姆斯. 心理学原理［M］. 纽约：亨利·霍特出版社，1890.

富的积累，他们已经住上的大房子又一次显得越来越逼仄。先生总是想要把那些再也不会穿的旧衣、旧家具淘汰掉，但妻子总是说，"不能忘本，那个鞋柜可是我们当时一个钉子、一个钉子自己做的！"显然，妻子是用所有物象征当年的峥嵘岁月，想要用各种所有物来确定自己的发妻身份，从而提醒老公"糟糠之妻不下堂"。

既然个体的所有物及时地延伸了自我，人们自然而然就会对自己的所有物给予更高的价值评价，这种现象和我们的古话"敝帚自珍"暗合。艾瑞里的研究很好地展示了这种"所有物效应"。

实验的背景是这样的：为了拿到篮球票，杜克大学的篮球迷每年在春季学期开学前，在校篮球馆外的空间草地上搭起帐篷，参与一套稀奇古怪的复杂的选择程序：以帐篷为单位，汽笛一响赶紧去签到，不到被淘汰，到最后面重新排队；赛前48小时，"帐篷签到"改为"个人登记"，不到也是到最后面重新排队；在顶级赛事，拿到摇签号码争取球票。摇签一结束，几人欢乐几人愁——一部分人拿到了球票，另一些则无功而返。

实验假设：得到票的学生会更加珍惜手中的球票。

实验设计：从那些持有球票的学生手里买票，再卖给那些没有得到票的。测量他们自己认为球票到底值多少钱。

实验过程：拿到居住帐篷的人名单，打电话询问中签者和无票者，询问他们如果"买"或者"卖"票，出价多少。

实验结果：100多名学生，那些没有拿到票的学生愿意出170美元左右买一张票；另外，那些得到票的出价大约是2400美元。

艾瑞里说："从理性的角度分析，有票者与无票者对球赛的看法应该是一致的，无论如何，这些篮球迷都能够预期到赛场上的气氛与这一经历得到的享受，这一预期不应因摇签的结果产生变化。事实上，一次偶然的摇签突然完全改变了学生对球赛——连同球赛价值的看法。"

损失厌恶

心理学家 Kahneman[①] 研究发现人们对财富的减少（损失）比对财富的增加（收益）更为敏感，而且损失的痛苦要远远大于获得的快乐，Kahneman 和 Tversky（1979）说：

"在福利方面，态度变化的一个显著特征是损失隐约表现得比收益更大。一个人经历损失一笔财富时的权重显得比其获得相同数量的满足时的权重更大。"

打个比方，你这个月刮奖得了 100 元，但又不小心丢了 100 元，依据损失效应可以推测：你这个月整体还是比较郁闷的，因为无意中得到 100 元所带来的快乐，难以抵消丢失 100 元所带来的痛苦。

大多数人们对损失和获得的敏感程度不对称，面对损失的痛苦感要大大超过面对获得的快感。行为经济学家将此现象称为损失厌恶效应，并用一个两侧陡度不同的曲线加以描述，如图 4-2 所示。

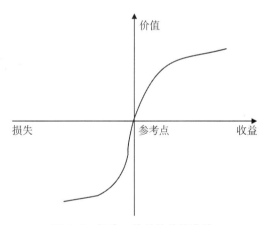

图 4-2　损失—收益的价值曲线

资料来源：Kahneman 和 Tversky（1979）。

---

① 丹尼尔·卡尼曼（Daniel Kahneman），普林斯顿大学教授，2002 年诺贝尔经济学奖获得者。卡尼曼 1954 年在以色列的希伯来大学获得心理学与数学学士学位，1961 年获得美国加利福尼亚大学伯克利分校心理学博士学位。先后在以色列希伯来大学、加拿大不列颠哥伦比亚大学和美国加利福尼亚大学伯克利分校任教。自 1993 年起，卡尼曼担任美国普林斯顿大学心理学和公共事务教授。他也是美国科学院和美国人文与科学院院士、国际数量经济学会会员、实验心理学家学会会员等。

以此为背景，稻田报告①更进一步讲到我们民族的一种恐惧基因。

"数千年的封建专制统治不可能不给中华民族留下特殊的文化基因。我想，恐惧就是其中一个重要的基因。

在三千多年的封建专制时代，几乎每一个中国人都生活在恐惧之中。中国历史，从大的局面来讲，总是分裂多于统一，战乱多于和平。即使汉、唐、宋、明、清，这几个中国人可以引以为光荣的辉煌王朝，也都是诞生于血海之中。一统江山之后，通常先用三五十年的时间恢复元气，然后最多有一百年左右的盛世，比如文景、贞观、康乾之治，接着就又陷入血海之中。秦末、汉末、魏晋南北朝、隋末、唐末、五代十国、南宋、元末、明末、清末民初，都是血流成河，人民生命贱如草芥的时期。就算侥幸生在盛世，如果运气不好，遇上冤狱，命运也一样悲惨。清代著名的文字狱大案，都发生在圣明的康、雍、乾三朝。再考虑到自然灾害、官吏盘剥、异族入侵等情形，中国人民的历史可以说尽是血泪。如果把中华民族看作一个生命，那这位老人真是历尽劫难，没有过几天好日子。元代词人张养浩说'兴，百姓苦；亡，百姓苦'，说的就是这个惨痛。

在这个苦难的生存环境里，人民没有任何权利和保障可言。'君叫臣死，臣不得不死'，生命贱如土芥；'普天之下，莫非王土'，没有什么财产是属于自己的。即便在这种情况下，还会有种种无法预测的突如其来的灾祸降临，俗语说'人有旦夕之祸福'、'福无双至，祸不单行'、'屋漏偏遭连阴雨'，就是这种境遇的写照。所以鲁迅说中国人其实只有两种：一种是暂时做稳了奴隶，一种是想做奴隶而不可得。这种状态下的中国人，只能是听天由命、朝不虑夕、提心吊胆，如惊弓之鸟一般挨日子。一有风吹草动，首先想到的是自己的身家性命。这样的人群，哪有秩序可言？逃得快的，还有可能苟活；犹豫一点的，顾及一点礼义尊严的，早就成了乱军囊中的人肉干。几经淘汰，恐惧就进入了先民的基因。我们今天看广东、福建各地的客家民居坚固如堡垒，这正

---

① 取自 http：//www.u148.net/tale/9696.html。

是客家人恐惧基因的物质化形态，反映出当时生存环境之残酷。

即使在改革开放之后，这种恐惧也没有消除，只是恐惧的内容发生了变化。没发财的，怕一辈子受穷；发了财的，怕政策变。更普遍的心态，是怕别人得了便宜，自己吃亏。我们坐飞机，广播说延误两小时，没人着急，因为大家都同样晚；但正点登机的时候，反而人人急得往前乱挤，因为怕别人走在自己前边。落后就要吃亏，不争就要受损，这就是恐惧基因在现阶段的具体表现。"

文中指出同胞争先恐后的心态，已经深入到潜意识，即使没有利益，这种心态也足以令他向前猛冲，进一步加剧了国人的"丧失恐惧感"，我们权且将其叫做"末班车意识"：去年大学本科毕业还可以留京发展，今年关门了；三个月前退休还按照公务员待遇发放退休金，三个月后退休就进社保了……政策、法规朝令夕改，过了这个村没有这个店的"末班车意识"让人产生的恐惧如影随形、挥之不去，谁知道后面会怎样，这会是末班车吗？赶紧上去，误了末班车损失很大啊！

想象一下，一个人在面临众多诱惑，必须做出取舍时，他会将自己的所有视为理所当然，并将注意力集中于自己的丧失面，担心失去自己的所有，为可能的丧失承受痛苦。我们是不是几乎要时刻承受着丧失之痛？

总之，人的成长就是一个不断选择的过程，对优秀的人而言，选择更是人生中面临的最大挑战。今天在一个多变的社会，将面临各种各样的机遇、诱惑，也会遇到很多的挑战、挫折。每当这时候，个体都是在回答与"选择"相关的问题。如何克服这种末班车心态？我讲个故事，相信大家就能一目了然。

苹果公司首席执行官蒂姆·库克在清华大学接受访问。

Q："在过去3年中哪些是你做的最困难的决策？"

A："决定不做什么。因为苹果公司有太多伟大的、令人兴奋的想法。"

Q："是不是要从好的想法中选择最好的想法，去掉次好的想法？"

A："我们所有的想法都是最好的想法，但苹果公司只能选择其中一种，并努力把它做到极致，其他的都会果断放弃。"

焦虑无助

高诱惑下，个体面临的困惑不是缺乏机会，而是机会太多，从而导致个体眼花缭乱。广告、宣传栏、心灵鸡汤上总是告诉大家，我们可以做到一切，可以成就自己期望的一切。当然，实现这个梦想的前提是我们必须尽一切可能全面提高自己，我们必须对生活中的一切加以尝试，必须在有生之年把成千上万种知识全部看完，也许有人会问："这样做下去，难道不会把自己搞得劳累不堪、心力交瘁吗？"不，我们面临的问题还远不是如此，我们面临的是面前的知识是学不完的，新的技能和知识层出不穷，我们面对着一个充满了变化的世界，其中很多的重要内容的好坏、对错都是模糊的。

厌恶模糊

亚当·斯密说："每个人……都以交换为生，或者在某种程度上成为商人，社会本身也随之成长为真正的商业社会。"当前，这种选择更是涉及我们的方方面面，我们生活中有很大一部分时间都贡献给了选择过程。例如，确切地了解我们会怎样选择我们的工作、我们要购买汽车，还有选择我们的爱人。如果我们能做出准确判断，拥有最合适的事物该多好！可惜，这个理想在现实中实现的比例并不高。可以说我们常常面对不确定性。奈特将不确定性定义为人们无法预料和难以测度的变化。事实上，在现实世界里，不确定性是广泛存在的，行为经济学的研究发现，人们讨厌不确定性。

1961 年丹尼尔·艾尔斯伯格（Daniel Ellsberg）进行了如下实验[1]：一个罐中有 90 个球，已知其中有 30 个红球，其余的 60 个要么是黑球，要么是黄球。现从中随机抽取一个，并设计 4 个赌局如下：

赌局 A：若是红球，赌客得到 100 元；若是其他颜色得到 0 元。

---

① 此实验取自尼克·威尔金森所著的《行为经济学》。

赌局 B：若是黑球，赌客得到 100 元；若是其他颜色得到 0 元。

赌局 C：若是黑球，赌客得到 0 元；若是其他颜色得到 100 元。

赌局 D：若是红球，赌客得到 0 元；若是其他颜色得到 100 元。

实验调查结果：多数人在 A、B 之间选择 A 而非 B；在 C、D 之间选择 D 而非 C。

这个实验说明：人们偏好输赢概率已知的赌博，而厌恶概率模糊的赌博，即模糊厌恶（Ambiguity Aversion）现象。

大量文献对人们的不确定性感受进行了探讨，鲁思·霍尔兹沃思①（1988）曾指出"情境变化，即使是预期的，也会引起人们的情绪波动和焦虑"。心理学理论的一个基本要素是：厌恶不确定性原理（Uncertainty Aversion Principle），Gilovich（1991）说："我们对世界具有探寻秩序、模式和意义的先天倾向，但我们也发现了无法令人满意的随机性、混沌和空虚，人类的天性讨厌难以预测和缺乏意义的世界。"

习得性无助

无助感是一种典型的消极情绪，而"习得性无助"的名字是要告诉大家，无助感往往是在促使我们产生无助的环境中获得的，这种消极情绪不是天生的，而其习得过程就像下面可怜的狗。

初级版命运：

1953 年，哈佛大学的实验人员所罗门、坎明和维恩把 40 条狗置于"穿梭箱"；箱子分两边，中间有阻隔体。

第一步，阻隔体只有狗背高。从格栅箱底上对狗脚发出千百次电击。狗如果学习到跳过阻隔体到另一边，就可以逃脱电击。

第二步，进行"挫折"狗的跳脱实验。实验人员在狗跳入另一边时，也在格栅通电，并且狗须跳 100 次才终止电击。他们说，"当狗从一边跳入另一

---

① 鲁思·霍尔兹沃思（Lucy Holdsworth）. 职业咨询心理学 ［M］. 李柳平等，译. 天津：天津出版社，1988.

边之际，发出预料可免电击的松释声，但当它到另一边的格栅而重遭电击时，则发出惨叫。"

第三步，实验人员用透明塑胶玻璃阻隔在两边之间。狗触电后向另一边跳跃，头撞玻璃。狗开始"大便、小便、惨叫、发抖、畏缩、咬撞器材"等；但 10~12 天之后这些无法逃避电击的狗，不再反抗。

实验结论：两边之间加以透明玻璃并加电击，"非常有效"地消除了狗的跳脱意图。这一项研究显示，反复对动物施以无可逃避的强烈电击会造成无助和绝望情绪。

升级版命运：

20 世纪 60 年代对这种"习得的无助感"的研究又做了加强。突出的实验者之一是宾州大学的马丁·塞利格曼。他对笼中的狗从钢制格栅地板通以强烈而持久的电，以至于狗不再企图逃避，"学会了"处于无助状态。塞利格曼和他的同仁史蒂芬·麦尔与詹姆士·吉尔在一篇论文中写道：

第一步，将一条正常、未曾受过任何训练的狗放在箱中接受逃避训练，狗出现以下行为：初遭电击，狗就狂奔，屎滚尿流，惊恐哀叫，直到爬过障碍时间较快，如此反复，直至可以有效地避免电击。

第二步，塞利格曼把狗绑住，使它们在遭到电击时无法逃脱。

第三步，将狗重又放回电击时可以逃脱的穿梭箱时，塞利格曼发现：这样的狗在穿梭箱初被电击时的反应，和未曾受过任何训练的狗一样。但它不久就停止奔跑，默然不动地一直等到电击结束。狗没有越过障碍逃避电击。它宁可"放弃"，消极地"接受"电击。在连续多次的测试中，狗仍旧没有做逃跑的动作，而忍受每次 50 秒钟强烈而有节奏的电击。

实验结论：一条原先遭受无可逃避之电击的狗，会接受电击而不再试图逃走。

首先，作为动物爱好者，我对上述两个实验表示极大的愤怒，对承受电击的狗表示深切的问候。其次，我们应该感谢这些狗的付出，让我们深切体会到了"习得性无助"的含义：当个体一再面临无法躲避的挫折时，他会选择放弃努力，学会承受和忍耐。可以想象，在这个充满不确定性的世界，一个人如何预测未来？面对不可预测的未来，个体能做的很可能是沉浸于自我中心的自娱自乐，放弃预测和规划，拒绝和外界的沟通和对话。

还是回到本章开篇的"水果痴者"游戏，再问一次："您喜欢玩这个游戏吗？"我问了上百名学生，他们中很多都喜欢玩切水果游戏，但说到这个游戏他们绝大多数表示不会喜欢，规则不确定，完全就是运气，不好玩。的确，每个人都有成为别人"榜样"的本体需要，而本游戏已经将分数高低（"成就需要"工具需要）和"榜样需要"（本体需要）联系在一起，如果不能得分就不能成为榜样，无法控制分数的游戏当然会让人感到"习得的无助"，从而无法提起兴趣就再正常不过了。

但我可以利用教师的权利"逼迫"他们接受这个游戏，并将他们获取的水果和现实水果联系起来，比如说如果他们要兑现200分的苹果，他们就可以兑现200克真苹果。有个学生生动地描述了他的选择过程。

> 我喜欢吃榴莲，刚开始知道可以用水果游戏换真水果的时候，我的第一想法就是"换几块儿榴莲吃吃去！"这就是我参加这个游戏的初衷。心里暗暗祈祷："我就要榴莲，但愿它对应的分数也是高的！"但当游戏真的开始，我就发现我根本就顾不过来，时间过去一分是一分，我不可能按兵不动，谁知道榴莲什么时候才出来啊！于是我几乎是第一时间就开始瞄准那些最早出现的水果，我当时还想，等榴莲出来了，我再出击就是了。我自我安慰，时间压力随处都在，我作为忍者能做些什么呢？就是接住眼前的水果！这是忍者的职责所在！我拿到的都是那些我能拿到的，至于我喜欢什么，我玩的时候早就忘了，直到游戏结束，我才意识到，我拿到的水果最终是要给室友了，我玩的时候根本就没有精力关照我的榴莲，只是无意间看到榴莲正在悄悄滑落的时候，我再加倍手忙脚乱、忙中出错更多一下而已。

可以想象，我们眼看着那些水果纷纷落下，一种非理性的冲动会促使我们手忙脚乱、从左向右来回奔忙，希望接住所有的水果，希望一个水果都不要损失。与生俱来的本能促使我们想要接住所有水果而不可能实现的时候，个体的无助感油然而生。

实验证明，手忙脚乱地想要接住所有水果是傻瓜的想法，它不仅耗尽我们的热情，也会消耗我们的快乐和幸福。

失去耐心

现实中诱惑不断、个体欲海难填、对环境无能为力，希望落袋为安而不能，以至于焦虑无助。想想看，如果我们总是被这些消极情绪笼罩，幸福从何谈起。年龄大些的人估计都还记得姜昆的相声《老急》，即使现在听，还是让人忍俊不禁。面对复杂、多变的现实，个体如何能够沉着和冷静，理性地做出清晰的判断，采取及时、有效的措施？在一个变化迅猛的环境中，"低悠闲"不仅表现在一个人很少有自由时间，在客观上无法自我安排时间，也表现在其心理上的紧张程度将不请自来。所谓的"慢工出细活"很多时候在时间上就被否定了。

时间很紧的时候，个体会怎样反应？我还记得那次重要的考试，在我还有最后两道大题的时候考试还有 10 分钟，正常情况下我 5 分钟做出来一道题没有问题，但老师突然大声"好心"提醒："还有 10 分钟，大家注意时间！"我突然血往上涌、满面通红，脑中一片空白，10 分钟就这样在空白中白白流失。我一直觉得很奇怪，我明明知道时间还有 10 分钟，怎么会被老师的话语"吓傻"了呢？事实上，情绪会最早体会到个体承受的时间压力，焦虑、恐慌、抑郁、愤怒已经成为越来越多现代人的标签，在这些本能情绪的主导下，个体陷入一些不良的行为模式，从而对我们的生活产生毁灭性的影响。

积极心理治疗的领军人物诺斯拉特·佩塞斯基安（Nossrat Peseschkian）教授将个人的生活划分为四大领域：身体、关系、成就和未来/意义，如图4-3所示。下面，我将依据这个划分逐一进入每个领域看一看人们"失去耐心"后的行为。

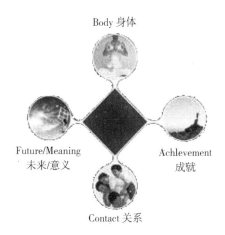

图4-3　积极心理治疗的个体生活四大领域菱形标示

身体

中国有句古语"身体发肤，受之父母，不敢毁伤，孝之始也"，提醒大家要爱惜自己的身体，但目前爱惜自己身体的方式变了，取代它的是"我的地盘我做主"，人们对自己的不满意的容颜就有了说"不"的资格。染发的行为一年会重复几次，每次的颜色都要变化一下，抽脂、整容也成了越来越多年轻人的选择，人造美女的广告、抽脂手术的广告铺天盖地，人们没有耐心等待持续锻炼后带来的曼妙身材，不能接受岁月的洗礼、文学的熏陶，"分分钟"能够搞定的事情当然不必等待。可怕的是，几乎很少有人关注抽脂手术的死亡率是其他手术的20~60倍，这是利益驱动下的广告故意，还是人们急不可待的自我选择？

关系

这里的关系特指"亲密关系"，因此从婚姻的角度入手展开讨论合情合理。根据离婚率的历史数据，1980年中国离婚的为34.1万对，1990年为80万对，2000年为121万对。2009年民政部共办理结婚登记1145.8万对，同比增长 9.1%，民政部门办理离婚登记 171.3 万对，同比增长 10.3%；2012 年结婚登记 1324 万对，离婚登记 310 万对。2013 年我国共有 350 万对夫妻办理离婚手续，比上年增长 12.8%。离婚对数呈逐年递增的态势，增长势头超过结婚对数的增幅。总之，根据民政部数据，中国离婚率已连续 10 年走高。在社会文明高度发达的今天，传统的婚姻模式已不能与人们对婚姻质量不断提高的要求相适应。随着人们生活水平的不断提高和社会文化的日趋开放，传承已久的婚姻模式经受着越来越多的挑战。新的婚姻模式在社会上不断出现，人们正在进行种种尝试，"闪婚"、"闪离"闪亮登场，爱就爱了、不爱就散了，人们对婚姻的耐心也在逐步消失。

成就

第三方教育数据咨询与评估机构麦可思研究院公布的数据显示，2013 届高校毕业生半年后的就业率为 91.4%，签约民企、中小型企业的人数占比为 54%；数据还显示，有 34% 的毕业生在半年内发生过离职，3 年内离职率更是高达 70% 左右。专家普遍认为，优质企业人才流动率一般在 15% 左右，合理的人才流动对企业优胜劣汰有促进作用，而超过 20% 的人才流动对企业和员工都会造成危害。对企业方的损失我们权且不提，仅就个体而言，高校毕业生普遍希望一进入企业就能有不菲的收入，未来能有更多升职的机会，进入企业后期望落空选择放弃，坚信跳槽体现出一种胸襟和气度，说明一个人有志气、有抱负、不满足现状、有开拓创业精神，值得赞赏。真是这样吗？事实上，频繁跳槽成"跳蚤"就会让用人单位对跳槽者失去信任，避之唯恐不及。这样，跳槽者的路会越走越窄。一个人到一个单位报到后，接受任务到熟悉业务要有一个过程，想在工作中做出成绩、有所建树，需要的时间更长。没有耐心、频繁跳槽，对业务刚有点熟悉，又去了新的单位，有的还变换了工种、专业，又要重起炉灶重开张。跳来跳去，表面上看什么都干过，换一种说法就是没有一技之长。人才市场上需要的是专家，而不是杂家，老板在接收"跳蚤一族"成员时一定会问自己一个问题："这么不能坚持的人，我会对他委以重任吗？"

我的回答一定是："NO！"

格拉德威尔①的发现同样证明了这一点。他在《异类》中提到："无论是小提琴还是钢琴专业的学生，他们从 5 岁左右开始学琴，到 20 岁时，那些具有成为世界级独奏家潜质的学生都至少练习了 10000 小时，那些被认为比较优秀的学生累计练习了 8000 小时，而那些被认为将来只能成为一名音乐辅导老师的学生只练习了 4000 小时。"这就是所谓的"10000 小时法则"，如果一个人的技能要达到世界水准，他（她）的练习时间通常需要超过 10000 小时。这个法则也应验在我们熟知的很多著名人士身上。例如，比尔·盖茨就几乎把自己的青少年时光用在了计算机程序开发上。从 1968 年他上七年级开始，到大二退学创办微软公司，这期间盖茨持续编程有 7 年时间，远远超过 10000 小时，据说当时世界上有盖茨这样经历的人不超过 50 个。因此，当 1975 年个人计算机开始进入家庭时代的黎明时刻，能占据最有利的位置去拥抱第一缕曙光的人，自然非"盖茨"们莫属。

未来/意义

有关意义和幸福的关系，我们在第一章就进行了详细阐述，并将意义看做幸福的核心。"意义"的核心内容就是个体寻找到自身的价值，并心怀希望。这种意义感可以超越现实，能够囊括生活中的一切事物，乃至对将来想入非非，并从想象中达到如愿以偿的结果。这种"意义"从人本主义的角度看就是人的价值所在，从现实消极的角度看就是阿 Q 精神胜利法。因为有"意义"支撑，"二战"集中营里的弗兰克尔才坚持活了下来；因为有"意义"支撑，虔诚的清教徒们在 17 世纪忍受着政府和教会势力的残酷迫害（逮捕、酷刑）。在现代商业社会无论从事贸易还是生产耕种，都会排除万难、显示非凡成功的

---

① Malcolm Gladwell，马尔科姆·格拉德威尔生于 1963 年 9 月 3 日，英裔加拿大人，身兼记者、畅销书作者和演讲家，"加拿大总督功勋奖"获得者。被《快公司》誉为"21 世纪的彼得·德鲁克"，曾是《华盛顿邮报》商务科学专栏作家，是《纽约客》杂志专职作家。2005 年被《时代》周刊评为全球最有影响力的 100 位人物之一。该发现取自《异类：不一样的成功启示录》Outliers：The Story of Success（2008）。

勇气和信心，不断开拓，受人尊重。

遗憾的是，在寻找意义的过程中人们同样失去了耐心。而失去意义感，人们就如同行尸走肉，"失去诗和远方"，甚至仅因为毕业论文没有通过、无法毕业就跳楼自杀。正如我们这本书开篇第一章就提到的观点：我一直坚持认为意义感是幸福感的核心，不同的人对不同的领域做出不同的判断，残奥会上残疾人的坚韧、灵活让我们看到他们从自卑中超越出来，用自己残缺的肢体完美地展示了人生的意义；2014 年的中国首富马云自信地抬起自己实在不敢恭维的脸庞，在商战中打下自己的一片天空；又有多少家庭妇女像严歌苓笔下描述的那样为丈夫、为孩子、为自己心中的那份爱成为一个独一无二、无可替代的妻子、妈妈和女人。无论是谁，他们心中都有坚定的信念，认定了某种意义并为之奋斗，因此，我甚至觉得积极心理治疗中如图 4-3 所标示的菱形图应该改为奔驰图标，意义是核心，身体、关系和成就分列在侧，如图 4-4 所示。

图 4-4　人生四大领域的奔驰标

大家看到了那么多似乎一夜暴富的故事，以为自己缺少的就是一点点运气，其实不是的，说出来的成功故事都是扭曲的，那些成功的人都付出了常人难以想象的努力和坚持，无一例外，所谓的"没有人能随随便便成功"，真的是肺腑之言。"一场说走就走的旅行"、"有钱就是任性"似乎都是商业社会快速消费的产物，其目的就是刺激人的消费欲望，而消费的资金来源恰恰是作为一个独立之人应该考虑的应有之义。

失去耐心的人最容易急躁、愤怒。写到这里忍不住要给大家讲一个我的亲身经历。

　　一天下午，我和身后的车辆正常地行驶在车道上，突然间一辆豪华车逆行而来，鸣笛要我们让路，可是正常行驶的我们无路可躲。感觉被怠慢的那个车主，在挤过我们身边时，摇下车窗痛骂一番。那一瞬间，我被这辆逆行而来的车和这个充满愤怒的人惊呆了。车主是一位年轻女子，面容姣好，像是有钱也受过良好教育，然而这一瞬间，愤怒让她的面容有些扭曲。被指责的同时，我愣住了，没有愤怒，倒是有一种巨大的悲凉从心中升起。因为我和她，不得不共同生活在同一个时代，而且有的时候，我们自己也可能成为她，我们都无处闪躲。

我的悲哀就是在这点点滴滴中流露出来。如果不能及时化解这些消极情绪，个体、社会、国家都会因此受损。个体的愤怒如上述美女破坏了她美丽的容颜，久而久之扭曲她柔和的面容，"气大伤身"更是说古的话；对社会，无须讳言社会矛盾进入高发期，匪夷所思的暴力事件一次次刺激我们惊恐的神经、打破我们的预期底线，每个冲突背后往往都有一个或者一群愤怒的嘴脸。从社会学的角度来说，社会心理就像一个传感器，牵动着人们敏感的神经，对社会和谐产生深层次影响。还是静下心来，耐心地分析看看我们的丧失之痛是否理性、我们的焦虑无助是否合理，只有这样才能走上寻找个体幸福的必经之路。

人生中的不幸和失调的主要原因，是人们过度高估各种处境间的差别。贪心过度高估贫穷与富裕之间的差别，野心过度高估私人职位与公共职位间的差别，虚荣心过度高估默默无闻与名声远播间的差别……没错，有些境状也许比其他境状更值得我们去偏爱，但没有什么境状值得人们用太过激烈的方式去追求。

——亚当·斯密

第五章

比较幸福

先讲个微信上的故事。

（1）老王辛苦了一年，年终奖拿了1万元，左右一打听，办公室其他人年终奖却只有1000元。老王按捺不住心中狂喜，偷偷用手机发短信给老婆："亲爱的，晚上别做饭了，年终奖发下来了，晚上咱们去你一直惦记着的那家西餐厅，好好庆祝一下！"

（2）老王辛苦了一年，年终奖拿了1万元，左右一打听，办公室其他人年终奖也是1万元，心头不免掠过一丝失望。快下班的时候，老王给老婆发了条短信："晚上别做饭了，年终奖发下来了，晚上咱们去家门口的那家川菜馆吃吧。"

（3）老王辛苦了一年，年终奖拿了1万元，左右一打听，办公室其他人年终奖都拿了1.2万元。老王心中郁闷，一整天都感觉像压着一块石头，闷闷不乐的。下班到家，见老婆正在做饭，嘟嘟囔囔地发了一通牢骚，老婆好说歹说劝了半天，老王才想开了些，哎，聊胜于无吧。把正在玩电脑的儿子叫过来，摸给他100元："去，到门口川菜馆买两个菜回来，晚饭咱们加两个菜。"

（4）老王辛苦了一年，年终奖拿了1万元，左右一打听，办公室其他人年终奖都拿了5万元。老王一听，肺都要气炸了，立马冲到经理室，理论了半天，无果。老王强忍着怒气，在办公室憋了一整天。回到家，一声不吭地生闷气，瞥见儿子在玩电脑，突然大发雷霆："你个没出息的东西，马上要考试了，还不赶紧去看书，再让我看到你玩电脑，老子打烂你的屁股！"

同样数目的年终奖，在不同的环境下却给人造成了截然不同的感受。

进化心理学家兼心理语言学家 Steven Pinker 认为，幸福感涉及人与人之间对所得福利的比较。虽然在任何时点上，人们都以为幸福感会随着收入上升而显著上升，但有大量研究证明，尽管在几十年内收入呈数倍增长，但人们自我报告的幸福感却一般没有提升（Easterlin，2010）。Pinker 引述了 Gore Vidal[①]的话："自我成功都不够，其他人必须失败。"看看我们周围，还真是这样，在过去的 30 多年里，我国大多数人的收入都增加了，福利也在增多，但当普通人看到老板们的改善程度更大时，我们就觉得自己的境况变糟了，"仇富"成为一个普遍心态。看来在一定程度上说，幸福真的是比较出来的。

比较的两种类型

奚恺元[②]教授针对幸福的研究引人入胜。他认为引发幸福的要素大体可以分为两类：一些本身就是比较容易评价的，另一些本身就是不容易评价的。①A 型变量，是指那些本身就是可评价的变量，往往意味着人类有一种天生的、共享的、稳定的衡量标准，只要该事物出现，我们就能知道这个事物是引发我们快乐的还是不快乐的，如环境温度、睡眠，最典型的北京雾霾，我们天生就知道蓝天的宝贵。②B 型变量，是指那些本身就是不可评价的变量，意味着人类没有天生的尺度来衡量他的意愿，为了评估他的意愿必须依靠一个外部参考信息，如别人拥有什么或别人的价值是什么。B 型变量可能包括钻石的大

---

① 尤金·卢瑟·戈尔·维达尔（Eugene Luther Gore Vidal，1925~2012），美国小说家、剧作家、散文家。

② 奚恺元（Christopher K. Hsee），生于中国上海，后旅美留学。1993 年获耶鲁大学博士学位，后在芝加哥大学商学院任教。2000 年被评为芝加哥大学商学院终身正教授，2004 年被授予 Theodore O. Yntema 教席教授（Chair Professor）席位。

小、钱包的牌子、一辆车的马力等。当然，A 型和 B 型是一个连续统一体的两个末端。大多数变量既不是纯粹的 A 型也不是纯粹的 B 型，而是介于两者之间。在我看来，即使是相当典型的 A 型变量——雾霾，我们也能看到比较的作用。

　　一到冬天，北京的雾霾就变本加厉，生活在雾都的我们开始"等风来"，并在微信圈里宣泄不满。我发现我是很淡定的一个，有个大姐却极其委屈和不满。想想就明白了，我来自河北石家庄，嗓子再怎么不舒服，只要看到石家庄的 PM2.5 指数，我就忍不住庆幸，还好出来了；那位大姐就不同了，她来自云南水乡，她的家乡山清水秀世界闻名，她总是在忍无可忍的时候吼一声："我留到北京是想催死吗？"

纵向比较

　　纵向比较是指"同一事物不同时期的比较"。比如考试，考试成绩出来了，同样是英语 110 分，学霸就觉得自己没有考好，悲痛不已，而"后进生"欣喜如狂，全家欢庆。这就是个体和自己以前的学习成绩相比较得来的结果。大仲马曾经说过："世上没有幸福和不幸，有的只是境况的比较，唯有经历苦难的人才能感受到无上的幸福。必须经历过死亡才能感受到生的欢乐。"正因为如此，我们的父辈往往很容易知足，他们挂在嘴边的话就是"知足吧，你还想挑，有的吃就很好了！""我们那时候，晚上睡觉在单人床上搭块儿木板，一家三口睡，还独立卧室，有张床就不错了！""还嫌不自由，那个时候你们说这就得被抓起来的""够不错了，楼上楼下、电灯电话，多好啊""有车有房，那时候连想都没想过，共产主义啦"……老人的正能量随处可以爆发，让我们在历史的长河中发现我们现在的幸福。

　　问题是，在我们日益走向富足的今天，人们衣食无忧，年轻人没有经历过苦难和生死，人们对其所得视为当然，全然适应，平淡无奇的纵向比较完全不能给人们带来满意的答案，横向比较就开始占有比较中的重要位置。

　　弥尔顿说，人们在没有信仰的情况下容易"把价值观建立在一些外在事物上，甚至是相互比较上，仰望别人的成功，感觉自己的卑微；仰望别人的幸福，慨叹自己的不幸；比较别人的得志，愤然自己的失意；比较别人的快乐，放大自己的苦痛"。

横向比较

横向比较是对空间上同时并存事物的既定形态进行比较，如本章开篇的老王就是在和同事年终奖金多少的比较过程中获得快乐或者悲伤的。显然，收入在达到一定水平之后，也开始慢慢显示出奚恺元教授所总结的 B 型变量的基本特点：只有依据参考点才能获得对该变量好坏的评价。

我们一直在被比较。

恐归族最怕自己的父母说："你看人家王二麻子，儿子都会打酱油了，你上点心行不？赶紧结婚！"

老人在一起就是比自己的儿女，哪家的儿子又升职了，哪家的女儿又给了妈妈多少零用钱，哪家有孙子了，哪家又离婚了。几家欢喜几家愁，心情随之起伏不定。看到别人家闹得鸡犬不宁时，就会庆幸自己家的平安无事，看到别人家升官发财了，就又对自己家儿子的平凡稳定感到无趣无聊。

很多人都是在晒幸福，哪个去了什么古镇、哪个去了什么国家，游戏公司也迎合人们的比较意识，让大家在地图上勾画出自己去过什么地方，然后他就会告诉你"打败了多少驴友"。看到自己打败了98%的驴友时候，心里是不是很爽？看到自己仅打败了14%的驴友，心里是不是很委屈，觉得不幸福？

终于摇号买上了自己的代步工具，还没高兴两天，发现自己的姐们儿竟然开着一辆宝马招摇过市，心里那个酸可不是很容易过去的，进而看到李天一开着一辆自己都叫不出名字的豪车撞伤人，那还了得！美慕嫉妒终于到了恨的程度，公共媒体上的"看热闹不嫌事大"的态度里埋藏了多少"你也有今天"的解恨因素？

那么多的人选择代购奶粉、化妆品、包，就是因为三聚氰胺让人心有余悸、相应产品国内价格明显偏高。随着国际流动的加快，"货比三家"的传统得到进一步的发扬光大，我们很容易重新敲定参照点，实现比较。

参照点

参照点是行为经济学中极其重要的基本概念，大量的行为经济学研究表明，人们在对事物进行分析判断时，通常会选取一个参照标准作为参考依据。Harry Helson（1964）就已经指出，人们通常不会过多留意个体所处环境的特征，而是对自己的现状与参照水平之间的差别更为敏感。Kahnema 和 Tversky（1979）进一步明确指出，和实际的绝对值相比，人们更关注实际情况与参照水平的相对差异。

一个富二代感慨"妈妈小气，给零花钱一次就给 1000 元，爸爸大方，一次给 3 万元"。

网上跟帖无数："一个上幼儿园的小娃娃零花钱上千?! 太多了吧?! 3 万元?! 简直不可思议!"

这就是富二代和网友参照点不同造成的后果。

可以说，参照点无处不在，贯穿于我们生活的方方面面，甚至可以说根植于我们的内心，在判断事物时，人们总是会不自觉地为自己寻找一个标准或者对照的参照点。事实上，无论是包括社会比较在内的纵向比较还是横向比较都包含参照点，开篇老王将同事的年终奖做参照点进行横向比较，而知足的老人家在将自己几十年前的生活境遇做参照点进行纵向比较。总之，随着视野的开阔，思想的成熟，个体往往可以在各种比较类型中随意转换，并确定自己的观点。举个我自己认知变化的例子，从中我们也能看到个体参照点的变化。

一位传统女性，大门不出二门不迈，对外面的世界一无所知，一切信息都是来自于和外面世界相联系的父亲、兄长及后来的丈夫。那些出去的男人会说："我在外打拼不容易，为了这个家流血流汗、吃苦受累。"女人无法想象那个完全不知道的世界，那里多陌生、多可怕，女人会想："多么伟大！我的男神！"无知会导致盲目崇拜。我还记得我初中读老舍的《骆驼祥子》，那个一门心思拉车、不怕苦不怕累的祥子激发了我怎样的同情，由此对那个动荡的社会产生了怎样的不满。估计传统女性就是我那时的心理状态。

现在，我已经成人，闲来再次品读老舍的这个代表作，心里竟然升腾出那句话"可怜之人必有可恨之处"。通篇中我都在对祥子产生怀疑，辛辛苦苦拉上了自己的洋车，为什么会为了2块钱送客人出城？那么多车夫都不去的时候难道你就感觉不到危险吗？丢车难道不是和你自己有关系吗？现在社会安定没有战乱，但陷阱无处不在，上当受骗的人啊，为什么不想想，为什么上当的偏偏是你？一样处于社会底层，曹宅的高妈有理财意识，她的生活要比祥子从容、长久得多。尽管当代的理财品种越来越多，投资渠道五花八门，但原理是一样的，"你不理财，财不理你"。还有虎妞，祥子要是不想占便宜，虎妞哪里有理由黏上祥子？俗话说得好，"占小便宜吃大亏"，自古至今人们都这样说，但是当所谓的"天上的馅饼"砸到了自己的头上，忘记这句话的人就不在少数了。

凡此种种，我不再一一列举，我也无意成为"黑祥族"，说这些只是想要大家理解，不同生活阅历的人接纳不同观点，有些时候有些人不具有否定意识，没有批判精神；有些人经过生活的历练，学会反省和总结经验，确定更为理性、合理的参照点，做出自己的观点和判断。

功能

参照点往往具有两大功能：规范和比较。

子女应该受到什么样的教育？上班应该穿什么衣服？我们往往会在父母、所处群体的影响下形成某些观念和态度，从而对自己的行为产生规范作用。假设你去参加同事的婚礼，该随多少份子钱？给多了心疼，给少了没有面子，怎么办？接到请帖你要做的第一件事估计就是给自己的"知心大姐"打电话，问问她行情，然后遵从这个参照点采取行动。这就是参照点所起的规范作用。

无论何时，只要有群体存在，无须经过任何语言沟通和直接思考，规范就会迅即发挥作用，成为群体对其所属成员行为合适性的期待，是群体为其成员确定的行为标准。是否遵从这个规范，往往意味着个体受到奖励或惩罚。

这个工作的福利如何？我们会向领导抱怨，人家管理学院今年组织去海外学习了，我们也可以组织这种团队建设活动啊！我的房子该怎么装修？我的男神是这样选择的，那我也这样装修。从仰慕的熟人或者邻居的家居布置出发，进行比较和仿效，我们做事就有了依据。再比如购物，新产品层出不穷，尽管有苹果体验店，但一般情况下，我们更多是听从他人推荐和使用才决定自己也要试一试，因为这么多朋友使用它，意味着该品牌一定有其优点和特色。

总体而言，"参照点"就是让个体感到价值中性的那个点。在不同的情境下，个体会产生不同的参照点，行为结果相对于这个参照点便会有不同的盈亏变化，这种变化会改变人们对事件结果的主观感受——或喜或忧。

参照群体

传统生活中，我们的参照点往往来自于周围的熟人。现在，随着网络遍布世界，地球村的实现促使我们整个地球人都知道了世界各个角落发生的故事，我们的参照群体提供的参照点也就形形色色，甚至无穷无尽。从我们周围的熟人到名人或者公众人物，从各个领域的专家到公司老板，各种参照群体对公众尤其是崇拜他们的受众群体具有巨大的感染力和影响力。广告心理的相关研究发现，用名人作支持的广告比不用名人的广告评价更正面和积极，这一点在青少年群体上体现得更为明显。

更有意思的是，现实中我们的参照点往往是多重的。当一个人得到了足够多的食物让自己吃饱的时候，他往往并不能满足于此，而是马上确立另一个目标：有点荤腥是不是更香？想想一个学生在北京的求职经历。

第一份工作：研究生毕业，社区工作者，年薪4万元，有北京户口。

第二份工作：银行B，获得年薪6万元的工作，但是与你受训练和工作经验相同的其他员工因为早进两年而获得8万元年薪。

这是一个外地生源，硕士毕业时高高兴兴地去社区工作，她说"老公负责挣钱养家，我只要能得到北京户口就行了，以后孩子落户上学方便"。两年以后，她跳槽去了银行，她说"我工资太低了，我在社区工作两年还没有达到硕士毕业生的平均工资呢，太不爽了！现在还差不多，每个月多 2000 元钱，生活滋润多了"；我等着她改天再和我说"凭什么啊！他和我干的完全一样，就因为我晚来了两年就少这么多啊！"Lehner 这样解释这种现象：相对损失而言，个体更容易适应收益，这种不对称的适应倾向有可能会导致参照点的上移；周而复始导致参照点的不断提高。"人心不足蛇吞象"就是这种参照点不断出现的结果。

当然，多重参照点还可以在同一时间点同时存在。假设一下，一名美女面临两个求爱者，这两个求爱者各有千秋、各有所短，要知道没有一个人能够满足你所有的需要，学识素养、脾气秉性、身高体重、财富家庭，人总要有所取舍。Boles 和 Messick 研究指出，如果一个候选项的评估结果在某些参照点上高于另一个，而在其他参照点低于另一个，个体对结果进行评价时就会形成矛盾的情感体验，纠结痛苦、患得患失。

社会比较

社会比较是一种普遍存在的大众心理现象。作为第一个系统地提出社会比较理论的人，费斯廷格认为，很多时候，人们都自觉或不自觉地想要了解自己的地位如何，自己的能力如何，自己的水平如何。费斯廷格说，一个人只有在社会中，通过与他人进行比较，才能真正认识到自己和他人；只有"在社会的脉络中进行比较"，才能认识到自己的价值和能力，对自己做出正确的评价。社会比较能够使人清楚地了解自己和他人，找出自己和别人之间存在的差距，发现自己的长处，找出自己的不足。由此可见，社会比较可以帮助人们认识自身，激发人们的行为动机，成为比较的最重要途径。

一般的观点认为，构成社会比较倾向需要具备以下三个基本条件：①人人都具有想要清楚地评价自己的意义和能力的动机。②如果有评价自己意义和能力物理的、客观的手段，就首先使用这种手段。如果找不到这种手段，就会通过与他人进行比较来判明自己的意义和能力。③因为与自己类似的人对评价自己的意义和能力有用，所以容易被选作比较对象。下面是一个模拟情境，它会发生在每个家庭，我们从中可以看出在上述三个基本条件的作用下，社会比较产生了。

> 丁丁的期末考试成绩出来了，他这样给自己的妈妈介绍结果：英语110分，语文88分，数学101分，物理88分，化学80分。别急别急，我觉得我考得不错，为什么呢，听我说啊（客观分数罗列出来，但对家长而言意义不大，想要得到认可就要进一步解释：基本条件①），我英语考得好，第一次高出平均分10分，物理比平均分高1分（通过平均分进行比较：基本条件②），语文也不是最后了，我看到好几个同学比我分低，比×××还要高5分呢（即使是自己薄弱学科，也要在这里表达自己的进步：基本条件③）。

内容

第一，人们往往借助于社会比较进行自我评价，借以确认自己的属性，这叫做自我评价的社会比较。这种社会比较具有双重性：它不仅在于确认自己的属性，而且还包含着主体的积极愿望，即希望得到肯定性情感的满足。孩子的表现是最明显的，幼儿园上课，老师夸这个孩子坐得好棒啊，旁边的孩子马上就会挺直腰板，如果你不表扬，他马上就会嘟起小嘴抗议："老师，我坐得也很直啊！"这种人生来就有的好强，或者称为能力比较中的"向上性动机"，就是这种倾向的积极表现。虽然费斯廷格认为"自我评价的物理手段不能利用时，就出现社会比较"，但有关的社会比较的事实证明，即使人们通过物理手段确认了事物的属性，他们还是会利用社会比较再予以确认，以达到某种积极性期望的满足。可见社会比较有其普遍性。

第二，与不同的他人比较。一方面，在人际交往中，人们常常会与和自己有相似之处的人进行比较，如同学、姐妹，用以确认自己与他人相类似的属性，这是主要的一种社会比较；另一方面，人们还会与和自己不同的他人相比较，从反面确认自己的属性，如一个实习医生会从一个资深护士的收入中看到自己做医生的价值，从而提高自我评价的可信度，同时坚定自己学做医生的行为选择，这是一种辅助性的社会比较，明智的人善于把这两方面的社会比较结合起来，以完善自我评价。

我是一位初中生的母亲，为了强化孩子的学习，孩子班的家长自己组织学生成班，在假期请了名校名师给孩子们补习英语。算算老师的收入，家长不禁咋舌。有个家长向我调侃："中学老师比你们大学老师收入高吧？"我很淡定，一方面，因为我知道不是每一个中学老师都能有这样的收入的，这样优秀的老师凤毛麟角，是家长和孩子反复试听了几位名校的老师之后才敲定下的。另一方面，我只是一个自得其乐的高校老师，对收入的投入实在是相当有限，那我有什么资格要求自己的收入和顶级的一线中学教师平起平坐呢！

第三，团体间比较。我们在社会生活中至少属于一个团体，所以我们的自我概念有一个侧面受自己所属团体的属性规定。《丑陋的美国人》、《丑陋的日本人》、《丑陋的中国人》都是从自己的国家属性出发，对自己的国人进行了无情的鞭挞。在分析某一社会事件时，人们也往往在经过个人和团体间的社会比较后，产生相应的观点，并激发相应的积极或者消极的情绪。

图 5-1 是日本仙台民众在划好的区域内有秩序地排队取水的照片①，看图片下网民的感慨多是日本国民的高素质，其潜台词就是我国国民的低素质，伤心、愤怒、恨铁不成钢的无奈溢于言表。我对此不以为然，在我看来，这是一个管理问题，如果我们在灾区也有划好的区域、提前通知灾民有充足的水源提供，而且真的言出必行，灾民的恐慌就会降低很多，自觉排队不成问题。

---

① 取自 http://image.baidu.com/图片。

我要强调的是：这不是一个假设的结论。在汶川地震时我曾去北京的对口支援区域什邡，我说的就是那里的现实情境。尽管那里的取水取饭区域并没有如图片上的画出排队黄线，但供应相对充裕，灾民都是自觉排队、从容不迫，甚至地震棚里都有麻将娱乐区域，那些乐天知命的普通百姓从容地开始自己的生活。

图 5-1　日本仙台民众排队取水

特点

第一，物质主义。我们不但喜欢拿事物与事物作比较，还喜欢把容易比较的事物集中作比较，避免把不容易比较的事物作比较。为了解释这个特点，先讲一个心理学效应：过度理由效应。

实验目的：

考察被试者是否维持对解题的兴趣。

实验过程：

1971 年，德西和他的助手使用实验方法，以大学生为被试对象，请他们分别单独解决诱人的测量智力的问题。

实验分三个阶段：第一阶段，每个被试者自己解题，不给奖励。第二阶段，被试者分为两组，实验组为奖励组，被试者每解决一个问题就得到 1 美元的报酬；对照组为不奖励组，和第一阶段解题过程保持一致。第三阶段，自由休息时间，被试者想做什么就做什么。

实验结果：

与奖励组相比较，不奖励组休息时仍继续解题，而奖励组虽然在有报酬时解题十分努力，但在不能获得报酬的休息时间，明显失去对解题的兴趣。

结果分析：

第二阶段时实验组的金钱奖励，使奖励组被试者用获取奖励来解释自己解题的行为，从而使自己原来对解题本身有兴趣的态度出现了变化。到第三阶段，奖励一旦失去，对态度已经改变的被试者，就没有继续解题的理由。而不奖励组被试者对解题的兴趣，没有受到过度理由效应的损害，因而，第三阶段仍继续着对解题的热情。

实验结论：

这个实验说明，过度理由在每个人的身上都发生着作用。为了使自己的行为看起来合理，人们总是喜欢为发生过的行为寻找原因。在寻找原因的过程中，还往往是先找那些显而易见的。如果找到的理由足以对行为做出解释，人们也就不再往更深处追寻。

这就是过度理由效应。过度理由效应从心理学角度解释了我们个体比较事物时的基本特点：比较更容易受到一些显而易见的可量化因素的影响。

什么样的事物显而易见？身高、体重、家资，我们习惯用量化的物质性指标看这桩婚姻是否美满。但"鞋子是不是舒服只有脚知道"，豪门婚姻中的是非荣辱我们都风轻云淡，无可奉告之处也就不得而知。前一段又有人将英国女王的美满婚姻进行了图片式的解读，图片上含情脉脉的女王和夫君相对一望，被人解读为爱与忠贞，年轻的网民一片欢呼："我又相信爱情了。"的确，图片容易看到，女王的声望和财富容易看到，和我们凡夫俗子相比，她的爱情随之浪漫，她的幸福也随之圣洁。事实如何？我不敢妄言，但我知道那个夫君多次出轨，他的私生子甚至比他和女王的第一个孩子还要大几岁。知道这些，您还会认为女王的婚姻幸福得如您想象中"公主与王子"的童话传说吗？

上面的这个故事中，所有证据都是我们可以看到的，我们就是从这些事物的比较中对人的幸福进行判断。但仔细想想，我们就会知道这里面的漏洞：这种比较太肤浅了，夫妻的幸福只有夫妻二人才能体会。想象一下幸福婚姻的核心："无论是顺境或逆境、富裕或贫穷、健康或疾病、快乐或忧愁，我将永远爱着您、珍惜您，对您忠实，直到永远。"这种让任何一个人都无法割舍的情感在豪门中有，在寒门中也有。可惜这里的所有描述都是无法量化出来的，如果我们作为旁观者想要替当事人比较这些内容，就有些痴人说梦了。

第二，越来越高的期望。在社会比较中，大体可以分为两种方向：上行比较和下行比较。现代人喜欢怎样的社会比较？有研究表明，人的眼睛都是向上看的，偶尔看到比自己弱的或者差的比较对象，人们总是可以找到自己之所以处境优于对方的合理理由，并随之心安理得；我们已经讲过参照点上移，随着个体眼界的开阔，个体的感受就完全不同，他们发现世界是如此之大，有些东西是如此美妙，这些诱惑会激发个体的欲望，个体会期望拥有那些未拥有之物，甚至夸大拥有之后的幸福。但事实上，这很可能是一个梦，得到的时候就是梦醒时分，当然也许还没有醒，我们就已经展开了另一梦境。沙泊柳说[1]：

"不要以为让今天的人们感到幸福的东西还能满足未来人群的需求。记忆中，人们最初的幸福也许是吃饱饭，后来是吃好饭，之后就是经济富足、提高生活水平，追求更美好的生活理念。"

似乎真的是这样，我们一直在向上看，还没有拥有之前觉得那样已经很好了，但真的有了更好的，我们就又会忍不住那种诱惑。下面的故事[2]是针对女性展开讽刺的。但事实上，我认为，男性在某些方面的表现也是一样的。

在一条街上开了个专为女性婚姻服务的店，一个女人来这家店寻

---

[1] 取自 http：//hongkuni.blog.sohu.com/306899565.html。

[2] 取自 http：//tieba.baidu.com/p/631490225。

找一个老公。

一楼的门上贴着一张说明书:"第一层,这里的男人们有工作。"女人看也不看就上了第二层楼。

二楼的门上也贴着一张说明书:"第二层,这里的男人们有工作而且热爱小孩。"女人停了一下,又上了三楼。

三楼写着:"第三层,这里的男人们有工作而且热爱小孩,并有着极度好看的外表。"哇!她叹道,但仍强迫自己往上爬。

四楼写着:"第四层,这里的男人们有工作而且热爱小孩,并有着令人窒息的好看外表,还会帮忙做家务。"哇!饶了我吧!女人叫道,我快站不住脚了,但她仍然爬上了五楼。

她念着五楼的告示牌:"第五层,这里的男人们有工作而且热爱小孩,并有着令人窒息的完美外表,还会帮忙做家务,更有着浓烈的浪漫情怀。"女人简直想留在这一层楼了,但想想还是抱着满腹期待继续走向最高一层。

六楼出现了一块巨大的电子告示板,上面打出了一行字:"你是这层楼的第 31456 位访客,这里不存在任何男人,这层楼的存在只是为了证明女人有多么不可取悦。谢谢光临!"

萨缪尔森的幸福论

本章已经说了很多比较的问题,现在,我们请一个假想的张三带着我们再梳理一下这一章的行文思路。

比较是人生来具有的本能,但选择什么样的比较方式却是和我们的经验、经历密切相关的。生活在一个物质相对丰富的年代,80 后、90 后从自身体验看基本就没有经历过缺失,而更年长一些的中年人如张三吾辈,和社会现实密切联系,日新月异的产品在面前显现,别说我们的长辈没有见过,就是我们自己在 iPad 出现之前,估计也没有想过生活中会需要这样一个产品,那这个产品的好坏优劣的标准就需要借助于横向比较了。

张三当然不想"Out"，这种对抛弃感的恐慌促使张三寻找自己的伙伴。他抬眼看四周想要看看参照群体在使用什么，进行社会比较。而这个时候他惊奇地发现，借助现代化产品的伙伴们已经遍布世界，变得越来越多。只要张三愿意，他就可以通过网络了解男神、女神的吃穿住行，甚至追随他神的脚步——如果条件允许。天啊，只要条件允许！这个条件是需要张三自己创造的，他看到了金钱的力量，似乎一切都是金钱惹的祸。当然，张三不是一个花痴，没有那么执着地就要和神在一起，还是有很多其他理想的：他看到了世界上的名山大川——在网络上；他看到了浩瀚的书海——在网络上；他看到了让自己显得更苗条、更帅的衣服——在网络上。所有的这些似乎都可以让张三变得更有趣、更智慧、更美丽，他喜欢！他要拥有它们，所有的一切都是如此美好，张三在内心呼喊着：我的多重参照点，我来了！——只要条件允许。

远远地看，这些参照点似乎都有一些张三可以接近的地方，但张三还是意识到那些地方充斥着各种消费——还是钱啊！当张三看到钱的问题时候，似乎已经解释了自己不能开始理想生活的原因，那他要做的就是挣钱啦？很遗憾，张三忽视了现实，阻碍他开始理想生活的不仅是金钱，还有很多很多看不到的，或者说在获得金钱之前没有去看的很多鸿沟。自此，物质主义开始充斥张三的头脑，为了理想生活，张三一头扎进了世俗的生活里。他会幸福吗？

回到美国著名经济学家萨缪尔森幸福公式：幸福＝效用／期望。我们将一一分析张三现实生活中的效用和期望，从而推测一下张三是否会幸福。

效用

首先使用"效用"概念的是边沁，他用这个概念描述有关快乐和痛苦的经验，他认为人们会通过效用知道"我们应该做什么，以及我们将要做什么"。

Kahneman 2000 年讲了一个毕业生的例子：一个女生刚刚毕业，由于收入有限只好在就餐时吃很普通的饭菜。当她获得一份收入颇丰的工作后，她就可以为更高品质的食物埋单，这时她的总效用也会提高一段时间。然而，当这个过渡期结束后，我们发现她的幸福感水平又回到了从前的水平，美食的效用水平与她以前所食用的饭菜之间已无差别可言。他将这种效应称为欲望的乏味效应。显然，这种欲望效应和我们在前文中提到的幸福的适应性特点有关。Tversky 指出：

"一次令人鼓舞的经历不但让我们感到幸福，而且也会弥补一些不够令人兴奋的经历。一次令人难过的经历虽然让我们感到沮丧，但却可以帮助我们泰然度过日后不太艰难的局面。"

古人早就告诉我们：穷人的孩子早当家。看看余华笔下的《兄弟》，李光头在经历了丧父丧母之痛后，乐观面对第一次的投资失败、承受饥饿和孤独无依。相反，所谓的"草莓族"往往从小衣食无忧，活在蜜罐里不知糖甜，权且有一点点不如意就觉得天塌下来了，痛苦不堪。想一想，这种描述在一个日益走向富裕的社会中是不是具有特殊的意义？

期望

在讲过欲望之后，我甚至都不想再说期望，因为尽管欲望和期望的确不同，但期望的确也表现出了和欲望相同的发展特点：物质主义和贪得无厌。欲望与本能需要联系更为密切，欲望的内容千年相似，但实现欲望的途径与时俱进。期望和自我在社会中的发展联系更为密切，当张三看到那么多的参照点，看到那么多似乎可以让自己变得更智慧、更有品位、更加美丽的诱惑，如何能够不动心？

有一次，和老公聊天，说起老公的问题，他很是感慨了一番："我的命好苦啊！权且赶不上祖父祖母的男尊女卑，至少也要让我赶上父母的男女平等啊，现在怎么就是妇女解放了呢?!"想想男女的关系，我也不得不说，男女的关系的确在这些年发生了很大的变化，我的确没有了祖母对祖父的追随感。为什么？因为我不是大门不出、二门不迈的大家闺秀，我上学有男同学交往，看网络有男神相伴，工作也有异性共事，我看到了他们的不足，但同时也欣赏他们的魅力和才华。我不可能不想：这件事这么做真是太漂亮了！类似的事情发生，我的相应期望就会产生，难道不是自然而然吗？我的祖母，她小时仅仅看到自己的父亲、兄弟，到出嫁的年龄后就是面对丈夫，她对男性行为的期望有多少？没有比较就没有发言权啊！祖父做了什么，她当然会认为这件事情只有这一种结果，没有质疑，没有期望，也就无所谓失望。

参照点就是这样在比较中层出不穷地出现在张三的面前，张三向上看，把所有参照点能够看到的所有的优点集中在一起，形成自己的期望！

总之，在这个多诱惑的环境下，个体的效用在适应性作用下保持一定的稳定状态，而期望却与日俱增，依据萨缪尔森的幸福公式：分子基本保持不变，分母增加，其结果倾向于幸福感随之降低。

为了刹住这个恶性趋势，我们需要做的两件事情就是：学会感恩生活所赐，提高分子数值；克制和转移期望，冷静分析自己的欲望，调整期望值，明确自己内心的真正需要。

你的儿女，其实不是你的儿女。他们是生命对于自身渴望而诞生的孩子。

他们借助你来到这个世界，却非因你而来，他们在你身旁，却并不属于你。

你可以给予他们的是你的爱，却不是你的想法，因为他们有自己的思想。

你可以庇护的是他们的身体，却不是他们的灵魂，因为他们的灵魂属于明天，属于你做梦也无法达到的明天。

你可以拼尽全力，变得像他们一样，却不要让他们变得和你一样，因为生命不会后退，也不在过去停留。

你是弓，儿女是从你那里射出的箭。弓箭手望着未来之路上的箭靶，他用尽力气将你拉开，使他的箭射得又快又远。

怀着快乐的心情，在弓箭手的手中弯曲吧，因为他爱一路飞翔的箭，也爱无比稳定的弓。

——纪伯伦《论孩子》

第六章

成长痛

在这一章，我们把自己的关注力转向孩子们的幸福。

先问大家一个问题：你们觉得现在的孩子幸福吗？有太多的成人这样对孩子们说："你们别身在福中不知福了，我们小时候连饭都吃不饱，你们还挑食？你爷爷小时候放学回家都是要先挑了水、劈了柴才能去做家庭作业，还考上了大学，你们现在就是负责学习，还不想学？"孩子们的回答是什么呢？有研究显示，自杀已成为我国青少年头号死因，为什么？

先讲一个悲惨的故事①。

标题：微博直播自杀。

2014 年 11 月 30 日下午 5 时许，泸州市纳溪区泸天化殡仪馆。一名老婆婆不时掀开盖在面前的布，对着布下那个"熟睡"中的人，一声一声地唤着"幺儿……幺儿……"布下的人是她的外孙小曾，今年才 19 岁。从昨日早上开始，小曾一直在微博中直播着自己自杀的过程。与此同时，网络上各方正想尽各种办法寻找小曾的位置，最终位置由警方锁定，虽然家人和警察赶到家中将其救出，但当小曾被送至医院仍旧没能抢救回来。

1 天 1 晚，他做了轻率的决定：从 11 月 30 日早上 8 点开始，从

---

① 取自 http：//sichuan. scol. com. cn/lzxw/content/2014-12/01/content_9842005. htm?node=948。

买药到他失去意识，他一共发出 38 条微博，每条微博评论转发上千条，最后一条微博转发量达到 6117 条，评论量达到 31895 条。从 11 月 30 日早上 8 点开始直播自杀，到下午 2 点多警方和家人找到少年，一共花去大约 6 个小时。不幸的是，报警没有快一点，找人没有快一点，少年 19 岁的生命，在一场鲁莽又轻率的直播与围观中，永远地失去了。

（1）第一次流露自杀倾向：11 月 29 日 22：26，一个半小时内，他连发 44 条微博，接连几次 1 分钟内连发 2 条微博，显得情绪亢奋并提及自杀、割腕。

（2）情绪趋稳：11 月 30 日 00:08~03:02，"谢谢大家的正能量和前女友不懈的开导，我睡觉去了，明早出门买买买"。

（3）情绪逆转：11 月 30 日 7:48，"今天是 11 月 30 号，这么早不知道医院和超市营业了没，我冷静地想了很久最后还是决定离开，不用劝我了，希望到时候不会有太多的痛苦吧，我也很遗憾自己做了这种决定，可是我真的无法再继续下去了，另一个世界应该没有那么多的痛苦和无奈吧"。

（4）开始直播：9:15，"再感叹一会我就走了"；9:53，"我已经不知道自己是在哭还是在笑了，我走了，希望大家都能幸福"（在 9 点这个时间段，他似乎吃下安眠药开始烧炭，其间有网友@警方报警）；11:48，"谢谢你们，我现在意识模糊"。

（5）求生意识：11 月 30 日 12:01，"炭燃了，安眠药起效了，我还不想死，但是没法自救了"；最后话语，11 月 30 日 12:34，"到了最后一刻你却拉黑了我"。在整个过程中，他说了 3 个"永别了"，从 8 点到 12 点半这 4 个多小时时间里，他发了 38 条微博。

微博直播自杀是个新鲜事物，但直播的内容却是"即使只发生一次，我们都觉得太多"的事情——自杀。遗憾的是，自杀事件尤其是青少年厌世、自杀的报道时常见诸报端，让人触目惊心，而少年们自杀的原因有时候仅是一句批评、一个指责、一次考试失利。2014 年 9 月 6 日，江西一天内发生两起学生自杀事件：上午，江西赣州八中高中一年级一男生从西河大桥上跳下身亡；下午，奉新县华林中学 14 岁男生余某在家中上吊自杀。这些事例我不想再写下去，这个和幸福完全对立的行为表现再一次让我们感慨："……幸福并不是一项只要重力在我们这边就会发生的自由落体运动。"（弗罗姆）

发展心理学的基本观点可以用一句经典的语句表述：个体的发展就是个体现有心理发展水平和社会需求之间的差距。如果我们将挖掘个体发展潜能看作是个体发展、获取幸福的核心要素，我们就可以得到如下公式：

幸福＝社会需求－现有水平，即 Happiness＝Demand－Level

总之，在这个高诱惑、低悠闲的社会中，年轻人的经历与他们的长辈经历完全不同，从而导致他们锻炼出不同的能力，而这个社会需要的能力也与以往不同，社会需要能力与个体现有发展能力水平之间的差异就是现在孩子面临的成长痛，如图 6-1 所示。

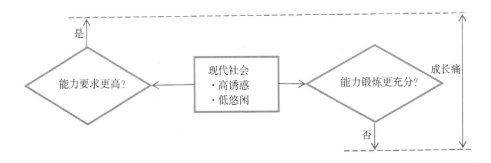

图 6-1　当代儿童的成长痛

替代性选择

2008 年汶川地震的时候，我作为一名心理学工作者曾经到什邡工作。一个母亲求助于我：她的儿子一直厌学、逃学，从她焦虑和愤怒的泪水中我看到了她对儿子的极高期望。

她说："我儿子好聪明啊，从小就学得好得很，上了初中就变了，不听话啊，逃学、上网吧，打骂都不管用，就是不干了。"

我听着，心里有些疑惑，在到处可见的死亡氛围中，一个母亲难道不是先要为自己一家三口幸免于难而庆幸吗？

她接着抱怨，现在学校也不上课了，儿子也不在家待着，天天去学校背尸体！他不怕传染病啊，不说脏也不说累，这是他干的吗？他才14岁啊！

我潸然泪下，脑中猛然映出那些在学校废墟上忙碌的年轻的身影，他们在最需要同伴的年龄，霎时间失去了自己的朋友，在他们还没有想过死亡的时候，死亡将他们最纯洁的友谊撕成了碎片，他们不知道朋友怎么就死了，他们为什么活着。他们不敢闲下来，闲下来所有的问题诸如"我为什么活着？活着是为了什么？死亡是什么？死了意味着什么？"就会扑面而来，让他们窒息。

第二天，年轻人被母亲拉来了，这是一个长着一双干净眼睛的漂亮男孩，无奈地坐在那里，听母亲絮叨，没有争辩，没有反抗，就是那么坐着，一言不发。我尝试着和母亲做角色扮演，让她扮演自己的儿子。

我说："这容易，我看儿子一言不发，您不要说话就是了，我来假装您。"

我努力模仿她的样子，重复她对儿子的反应和行为，这个母亲努力控制自己不说话，有时忍不住反驳就会被我用各种理由压制下去。她勉强表示礼貌，在我宣布这个游戏结束时忍不住深深吐了一口气！

我问母亲："我说明白了吗？"

她回答："好像明白了。"

祝你好运啊，小伙子！希望你的母亲能够放手让你开始自己的生活，希望你能用不伤害自己的方式找到自己想要的生活！

抬眼望，太多的父母——不能否认，更多的是母亲将儿女当做自己生命的延续，因此将儿女当成了自己的一部分，总是自以为是地想要儿女避免自己犯过的错误、替自己圆当年未圆的梦，以为儿女只要听自己的就能逢凶化吉、万事如意，一生平安幸福。问题是："最坏的生活，是没有选择的生活。"

从散养到圈养

替代性选择的一种重要表现是：在短短 30 多年的迅速发展过程中，我们的孩子已经从"散养"迅速转变成"圈养"。有人会把这种"圈养"看做是"精养"，认为现在的孩子好金贵，很幸福！但有得有失，在散养的时候，孩子成群结队，和同伴一起长大。喜欢看大吊车，看着大吊车吊着那么沉的东西挪来挪去乐不可支，他们想看多久就看多久，看够为止，看到自己肚子饿或者父母叫吃饭为止。这种自由哪个孩子不喜欢？！现在"圈养"的孩子没有这个"福气"了！对不起！尽管这个词不够中性，我还是觉得这个词更准确地描述了现在孩子的生活现状。"圈养"往往意味着父母要投入到子女教育中，如安排孩子去博物馆看点儿高雅的东西，大吊车是不会给机会让孩子看的！到了博物馆，父母会把时间安排得井井有条，确保孩子能看到每个分馆中的重要展品，出来总结的经验往往是"看，听我的对吧？要是依了你，就看这个，别说所有分馆，我看你一个分馆都看不全"。父母以年长子女近 30 年的生活积累，为孩子掌舵领航，希望孩子少受罪、少走弯路，成名成家。有这样的父母，子女会怎么做？听话是最简单和最和谐的处事方法，很多年幼的孩子以"听话"为荣。

随着年龄的增长，子女独立意识自然出现，他们开始对周围世界有了新的观察与新的思考方法，经常考虑自己到底是怎样一个人，他们从别人对他的态度中，从自己扮演的各种社会角色中，逐渐认清自己，埃里克森①强调青春期

---

① 爱利克·埃里克森（Erik H. Erikson，1902~1994），美国精神病学家，著名的发展心理学家和精神分析学家。他提出人格的社会心理发展理论，把心理的发展划分为八个阶段，指出每一阶段的特殊社会心理任务；并认为每一阶段都有一个特殊矛盾，矛盾的顺利解决是人格健康发展的前提。

的个体会努力抓住"真正的自我"。在他们已经产生强烈自我意识的时候，如果父母一如既往地"圈养"子女，子女或者会否认自己的能力，放弃自己的独立思考，"因为反正父母想得比我好，我想了也白想"，或者努力摆脱父母的控制，用和父母对立的方式证明自己的独立，正所谓"敌人支持的我们就反对，敌人反对的我们就支持"，如此幼稚的选择往往在伤害父母的同时伤害了自己，其后果有时很让人唏嘘不已。

我想什邡的那个男孩子正处于青春期的迷惘中，在听话和自主的两条线上摇摆，他不忍心伤害父母，母亲的要求他还是努力满足，尽可能闭口不言、做到不冲撞母亲；但有时他又不甘心放弃自我的独立价值，因此会采取各种方式逃避母亲的控制。由此我们看到"意义感"在一个普通孩子身上若隐若现的影子。

可以说，弗兰克尔通过对自己在纳粹集中营的经历意识到"意义感"在个体生存中的重要作用。但很多人对此颇不以为然，认为那个特定的环境不能代表个体在普通环境下的正常反应。在上班路上看着或者木讷，或者完全沉浸在自己电子游戏中的路人，我也在很长一段时间内不能感到大众对意义感的渴望。这个观念就是在汶川地震中间这个小小的插曲中彻底改变，我看到了普通人对意义感的追求。

即时满足与延迟满足

即时满足是"想吃就吃"、"想做就做"、"想走就走"、"想买就买"，这是很多家长给予孩子无微不至的爱。与此相反，延迟满足即是指个体为了更有价值的长远结果而放弃即时满足的抉择倾向，以及在等待中表现出的自控能力。

刚一出生的孩子就是追寻趋乐避苦，想要即时满足的。依据弗洛伊德的观点，孩子只有本我，遵从"快乐原则"行事；但随着年龄增长，规则出现，不同年龄有不同年龄的要求，这些要求往往要求个体克制自己当前的欲望。卢梭①

---

① 让-雅克·卢梭（Jean-Jacques Rousseau，1712~1778），法国18世纪伟大的启蒙思想家、哲学家、教育家、文学家，是18世纪法国大革命的思想先驱，杰出的民主政论家和浪漫主义文学流派的开创者，启蒙运动最卓越的代表人物之一。

在《爱弥儿》中对父母们说："你知道用什么办法使你的孩子得到痛苦吗？那就是：百依百顺。"百依百顺、有求必应对孩子是无益的。让孩子学会等待与延迟满足，是一生幸福的基础。

心理学的很多研究发现，无论儿童还是成人，都必须具备延迟满足能力，也就是克制自己当前想做某件事的冲动，而去做另一件更具社会意义的事情的能力。从下面的心理学实验可以看出延迟满足的作用。

20 世纪 60 年代，美国斯坦福大学心理学教授沃尔特·米歇尔（Walter Mischel）设计了一个著名的关于"延迟满足"的实验，这个实验是在斯坦福大学校园里的一间幼儿园展开。

第一次实验的过程

实验进行了多次，研究人员每次都会找来数十名儿童，让他们每个人单独待在一个只有一张桌子和一把椅子的小房间里，桌子上的托盘里有这些儿童爱吃的东西——棉花糖、曲奇或是饼干棒。研究人员告诉他们可以马上吃掉棉花糖，或者等研究人员回来时再吃还可以得到一颗棉花糖作为奖励。他们还可以按响桌子上的铃，研究人员听到铃声会马上返回。对这些孩子们来说，实验的过程颇为难熬。有的孩子为了不去看那诱惑人的棉花糖而捂住眼睛或是背转身体，还有一些孩子开始做一些小动作——踢桌子，拉自己的辫子，有的甚至用手去打棉花糖。

实验结果：大多数的孩子坚持不到 3 分钟就放弃了。"一些孩子甚至没有按铃就直接把糖吃掉了，另一些则盯着桌上的棉花糖，半分钟后按了铃"。大约 1/3 的孩子成功延迟了自己对棉花糖的欲望，他们等到研究人员回来兑现了奖励，差不多有 15 分钟的时间。

追踪过程

从 1981 年开始，米歇尔逐一联系已是高中生的 653 名参加者，给他们的父母、老师发去调查问卷，针对这些孩子的学习成绩、处理问题的能力以及与同学的关系等方面提问。

结果发现：当年马上按铃的孩子无论在家里还是在学校，都更容易出现行为上的问题，成绩分数也较低。他们通常难以面对压力、注意力不集中而且很难维持与他人的友谊。而那些可以等上 15 分钟再吃糖的孩子在学习成绩上比那些马上吃糖的孩子平均高出 210 分。

持续追踪

米歇尔和其他研究人员继续对当年的实验参加者进行研究，直到他们 35 岁以后。

研究表明：当年不能等待的人成年后有更高的体重指数并更容易有吸毒方面的问题。

几十年来，心理学家一直认为智商高低是一个人能否成功的决定因素。米歇尔则认为智商能否起作用关键在于自我控制能力，就算是最聪明的孩子也要完成家庭作业。在米歇尔看来，这个棉花糖实验对参加者的未来有很强的预测性。"如果有的孩子可以控制自己而得到更多的棉花糖，那么他就可以去学习而不是看电视"，米歇尔说，"将来他也会积攒更多的钱来养老。他得到的不仅仅是棉花糖"。

米歇尔认为：延迟满足会受到先天基因的影响，但后天培养同样重要，对于特定个体，如果处理"延迟满足"的机会少，就不能从实践中找出转移注意力、提高延迟能力的方法。最重要的是让学生们把自我控制的方法变成习惯。米歇尔说，这就是为什么父母的作用很重要，父母是否每天要求孩子"延迟满足"？是否鼓励孩子去等待？是否能够证明等待是值得的？这些都很重要。

米歇尔指出：一些日常的小规定，如晚饭前不能吃零食、把零用钱省下来等都是对孩子认知上的锻炼，帮助他们习惯延迟满足，培养其自我控制能力。

不可否认，随着时代的发展我们的经济突飞猛进，现在孩子们享受的物质资源很多都是 30 年以前没有的，但 60 年代和 70 年代的成年人比 90 年代、00

年代的年轻人缺失很多吗？的确，那时的孩子没有那么多的物质保障，在夏天吃块儿西瓜是享受，冬天手上起冻疮很自然，不觉委屈。和兄弟姐妹们相处也要讲究方式方法，才能满足自己小小的心愿；他们不是被电视抱大的一代，也没有电话、手机，想念远方的亲人朋友只能写信，一个月内能接到回信就很知足；放假时想要见朋友就要找上门去，朋友不在就要留言，计划好未来的见面途径和时间；那个时候的火车很慢，整整一天 24 小时的火车没有卧铺太正常不过了，没有人崩溃发飙。生活在一个物质相对匮乏的环境里，物质上的限制、技术上的障碍导致儿童成长过程中有很多天然的延迟满足训练机会，这个环境自然要求个体必须学会延迟满足、学会沟通计划、学会耐心等待。

但随着物质的极大丰富、环境变化如此之快，我们生存能力的"生态培训基地"改头换面，很多时候上述能力已经无法自然而然地获得提高。飞机、火车、网络的出现，"即时满足经济"（又称为"Uber for X"现象）空前发展，"随叫随到"的概念从虚拟变成了现实，即时满足条件空前充足。思念的感觉也淡了很多，想了有电话、可视频，飞机快捷、火车提速，"地球村"让人们的距离感淡化很多；电视已经成了老年人的选择，年轻人选择网络，想看什么网上一搜立马搞定，为什么要听命于电视台的时间安排？在一个消费时代、娱乐至死的时代，只要是消费方，作为上帝的你们任何需求都是店家的商机啊，有什么不能及时满足的呢？比如物流就成了欣欣向荣的产业，而京东商城的送货快捷受到人们的认可和习惯，但冷静下来考虑一下：就日常生活而言，早到货物一天真的很重要吗？但既然有更快速度的服务谁还愿意等那些慢的？这个时代鼓励人们即时满足自己的需要，有关延迟满足和耐心等待的训练还有多少？

如果延迟满足不再重要，耐心等待、沟通不再受人推崇，我就有些杞人忧天了，但真的不重要吗？现代人面临的诱惑可以说是无孔不入，远远超过历史上的任何时期。仅仅是三四十年以前，我们关上房门就能"两耳不闻窗外事，一心只读圣贤书"，没有电话、没有电脑，你可以沉浸在自己的世界里不被干扰；现在呢？人们习惯了即时——即时沟通、即时满足，多少人成了"手机控"、"品牌控",随时随地生活在和他人的联系中才安心,自己的生活自然走向碎片化。想要专注需要放弃多少习惯才能做到?一样是查英语单词,纸质词典翻过去就是字词句,所有的信息都在强化你更认真地学习,电子词典打开了,电脑右下角的语聊群闪动着、词典上各种广告更是逃无可逃,一个人需要多大的自控能力才能不打开语聊窗口、不进游戏界面?!处于这样一个高诱惑的现代社会中,想要专注于自己的核心任务,需要有更强的抗诱惑力、自我控制能力!

缺少了社会的天然延迟满足锻炼屏障之后,培养延迟满足的过程中家长就显得尤为重要。遥想当年,在贫困生活条件下,孩子被迫锻炼了自己的延迟满足能力,因为自己的父辈根本没有能力满足孩子们的要求;而现在,没有被满足的个体长大了,他们就开始想方设法满足"小小的自己"——孩子。家长的爱泛滥成灾:一方面,独生子女没有了兄弟姐妹的竞争,不用再绞尽脑汁就能获得父母的关爱。另一方面,富足带给了我们家庭副产品,想吃就吃、想买就买,不需要等待的孩子不会意识到延迟满足的重要性,更不要谈培养和坚持了。如果没有有意识地强化个体的延迟满足,而是顺着天性"母爱泛滥",孩子的抗诱惑力不升反降,与需要的自我控制能力之间差距越来越大,最终只能是"不吃小亏吃大亏,不吃小苦吃大苦",从而应了那句古话:自古纨绔无伟男。

声东击西的教育

我们的基础教育乃至高等教育受到了太多的诟病,"钱学森之问"令人唏嘘不已。教育理念说的很多,大体可以总结为"四会"(学会学习、学会做人、学会做事、学会相处),但知易行难,教育理念是一回事,真正培养的结果却与此差异很大。当然,教育的核心不仅有学校教育,更重要的早期教育来自于家庭教育。

知识和经历

知识就是力量，我们这个民族对"知识"异乎寻常的崇拜，电视也迎合大众的口味，频频出产炫耀个人海量知识记忆的节目：一站到底、中华好诗词、最强大脑。看着那些知识神人，我们凡人除了顶礼膜拜之外，就是甘拜下风、俯首称臣，羡慕嫉妒恨油然而生。从这种种的情绪反应都能看出，我们对记住"多少知识"寄予了多少情绪上的肯定，一目十行、过目不忘就是聪明、真棒、牛娃和学霸；反之就是笨、傻、学渣。事实上，从小到大，我们的基础教育，甚至包括高等教育的大部分评估方式都是建立在对个体掌握知识的评估之上，看看那些高考考生书桌上书山题海，的确是让人瞠目结舌。但知识就是知识，它承受不了我们不及其余地膜拜。

这就涉及一个概念：Overfitting。Overfitting 来自机器学习理论，机械学习现在已经成为计算机科学中的一个重要分支，其核心思想之一是通过大量训练数据学习出一个模型；有了新的输入，通过训练的模型获得新的输出。以前的研究，要求模型在训练集上的误差越小越好，即训练误差最小为优化目标、优化模型及其参数。但是，最近这些年的研究发现，不是训练误差越小越好，而是要适可而止。如果训练误差太小，将会导致模型出现 Overfitting（过度拟合）现象，使得模型在面对新的输入（训练集中没有的输入）情况下，输出误差很大，也就是说：Overfitting 将导致 Generilization（泛化）能力下降。泛化能力就是在新的数据出现的情况下，模型获得正确输出的能力，类似于解决新问题的能力，也就是我们今天不停呼唤的创新能力。

显然，我国教育广泛存在 Overfitting 现象，进而导致我国学生的创新能力（泛化能力）明显下降。看看那些高考集中营，大量反复地讲解习题和模拟训练，使得学生获得这些题目（很类似的题目）的解题能力，得分越来越高，类似于训练误差趋于 0。有的学生，尤其是高考状元，通过大量反复训练，甚至可以达到对试卷上的所有试题都有一种似曾相识的感觉，凭经验、记忆就可以快速自动求解，而不需要再花费时间去思考。

教育部一直在讲给孩子们减负，但扬汤止沸的结果是，家长将早早放学的孩子送到各种辅导班，即使是琴棋书画也是要经过专业训练，美其名曰"怎么都是玩儿，干脆请个老师，学样本事吧！"辅导班上得越多，孩子脑中又多记住了一些知识，有他们名字的证书也可能会多几个，表面上看是获益了。但孩子真的受益了吗？下面讲个心理学的经典实验①。

经典实验：丰富的经历＝更大的大脑？

某种经历是否会引起大脑形态变化的问题，是几个世纪以来哲学家和科学家一直在猜测和研究的话题。直到 20 世纪 60 年代，新技术的发展使科学家们具备更精确地检测大脑变化的能力，他们运用高倍技术，并对大脑内各种酶和神经递质水平进行评估。

在加利福尼亚大学，马克·罗兹维格（Mark Rosenzweig）和他的同事爱德华·本奈特（Edward Bennett）及玛丽安·戴蒙德（Marian Diamond）采用这些技术，历时 10 余年，进行了由 16 项实验组成的系列研究。由于显而易见的原因，在他们的研究中并没有用人做被试对象，而是像很多经典心理学试验一样，用老鼠做被试对象。

理论假设：将饲养在单调或贫乏环境中的动物与饲养在丰富环境中的动物相比，两者在大脑发育和化学物质等方面将表现出明显的不同。

方法：在这篇实验报告所涉及的每次实验中，均采用了 12 组老鼠，每一组由取自同一胎的 3 只雄鼠组成，它们被随机分配到 3 种不同的条件中。1 只老鼠仍旧与其他同伴待在实验室的笼子里，另 1 只被分派到罗兹维格称为"丰富环境"的笼子里，第 3 只被分派到"贫乏环境"的笼子里。

三种不同环境描述如下：①在标准的实验室笼子中，有几只老鼠生活在足够大的空间里，笼子里总有适量的水和食物。②贫乏的环境是一个略微小一点的笼子，老鼠被放置在单独隔离的空间里，笼子里总有适量的水和食物。③丰富的环境几乎是一只老鼠的迪斯尼乐园：6～8 只老鼠生活在一个带有各种可

---

① 取自 http：//teach. jgsu. edu. cn/ec/C103/Course/Content/N132/200911301721. htm，有删减。

供玩耍的物品的大笼子里，实验人员每天从 25 种新玩具中选取一种放在笼子里。

实验人员让老鼠在这些不同环境里生活的时间为 4~10 周不等，然后将人道地使这些用于实验的老鼠失去生命，通过对它们进行解剖来确定脑部是否有不同的发展。

为了避免实验者偏见的影响，解剖按照编号的随机顺序进行，这就可以避免尸检人员知道老鼠是在哪种环境下成长的。研究者关注的是生活在丰富环境中与生活在贫乏环境中的老鼠大脑所出现的不同。

解剖老鼠的大脑后，对各个部分进行测量、称重和分析，以确定细胞生长的总和与神经递质活动的水平。在对后者的测量中，特别关注一种脑酶"乙酰胆碱"（该种化学物质能使脑细胞中神经冲动传递得更快、更有效）。

结果：在丰富环境中生活的老鼠的大脑和在贫乏环境中生活的老鼠的大脑在很多方面都有区别：

（1）在丰富环境中生活的老鼠其大脑皮层更重、更厚。

（2）在身处丰富环境的老鼠大脑组织中，"乙酰胆碱"酶更具活性。

（3）两组老鼠的脑细胞（又称神经元）在数量上并没有显著性差别，但丰富的环境使老鼠的大脑神经元更大。

（4）RNA 和 DNA——这两种对神经元生长起最重要作用的化学成分，其比率对于在丰富环境中长大的老鼠来说，也相对更高。说明在丰富环境里长大的老鼠，其大脑中有更高水平的化学活动。

（5）两组老鼠大脑的神经突触的变化显著：在高倍电子显微镜下，能发现在丰富环境中长大的老鼠大脑中的神经突触比在贫乏环境中长大的老鼠神经突触大 50%。

这个经典的心理学研究几乎成了早教的理论基础，成了"不要让孩子输在起跑线上"的活化剂，但事实上，这个心理学的经典研究还有后面的研究。罗兹维格研究团队意识到在实验室中进行的任何研究都存在人为性问题，他们为了知道在自然生长环境中的野生鼠在环境刺激下的大脑发展状况，他们开始了野生鼠的抓捕，并将抓到的野生鼠随机地放在户外自然环境或是实验室的丰富环境笼子里，四周后，"屠杀后"的结果发现，户外老鼠的大脑比实验室老鼠的大脑发展得更好。罗兹维格说："这就表明，实验室中的丰富环境与自然环境相比，仍是相当贫乏的。"

面对这个研究结论，我怅然若失。抬眼望去，各类培训学校风起云涌，胎教课、早教课层出不穷，父母忙着给自己的孩子提供各种培训，似乎唯有如此才能表达自己对孩子的爱。为了让孩子成为牛孩儿，挑选语、数、英培训班；为了提高审美素养，参加绘画班、各种乐器班，据说我们国家学习钢琴的学生数量早几年已经成为世界第一。如此丰富的培训内容，是不是很像一个丰富的实验环境？！要知道无论多么丰富的实验环境，和自然环境相比都是匮乏的！现在的孩子被电子产品包围，面对一座大山，他们会说："回家吧，没什么意思，我要回家打怪兽！"孩子们习惯了在各种人为环境中成长，和自然越走越远，男孩子不再会爬树、不再粘知了；女孩子不再挑棍儿、玩儿羊拐。父母为自己孩子选择更多受教育的机会，自认为"弹琴跳舞不就是玩吗？"却忘了娱乐本质上的自由属性——没有对错高低的评价，其目的就是高兴，而培训无论是怎样以娱乐为外包装，其本质上都有规则、有高低、有评价，这种高效的"实验场所"目标如此明确，能给孩子应有的自然成长环境吗？在这样的成长环境下，孩子会更多的琴棋书画、更多的奥数英语，但与人交往的能力呢？高兴的目的还能达到吗？放弃了"散养"的自然教育，努力地把孩子们"圈养"在一个貌似丰富的人为环境，这是不是一个舍本求末、丢了西瓜捡芝麻的赔本买卖？

有人说，"聪明人是拿别人的教训做经验，愚蠢的人是拿自己的教训给别人做经验"。父母常常希望自己的孩子能够做聪明人，多听自己的话，少走弯路，避免痛苦，估计这个愿望是父母执迷不悟替代儿女做选择的重要原因。问题是：体验永远都高于文字，"书上得来终觉浅，绝知此事要躬行"，"所有的快乐都是经历痛苦之后才有的（罗曼·罗兰）"，不经历痛苦，根本就不可能知道快乐的可贵。

服从与自主创造

世上没有无缘无故的爱，虽然不可否认，家长、学校很是宠爱孩子，但一般而言，这些宠爱是有条件的——我在吃喝上宠爱你，你要在大方向上完全服从。这就涉及家长最关心的另一个问题：怎么让孩子听话、服从。很多人把听话当做成功的必要条件，当做人生正面的经验，误以为这样"听话地"学习、生活，就可以完成一个成功的人生，这就大错特错了。

第一，每个人都像一粒种子，而教育是配合这个学生的个性实施的，孩子不是流水线上的成品，不应该是"一个模子出来的"。这个观点估计没有人反对，我这里就不再赘述了。

第二，服从谁呢？究其本质，这个快速变化的时代还有确保未来成功的大方向吗？仅从我们高校设置的专业而言，目前很红火的专业，在 20 年前是没有的。不妨想象一下，20 年后社会最需要的人才、最需要的专业，我们现在可能提前预测吗？坦率地说，我们唯一可以保证的是，现在这些专业教育的内容在 20 年后都会落伍，甚至报废。未来的年轻人已经不可能像现在这样，一辈子只干一份工作。他们不会这么幸福，当然也可以说，他们比我们幸运，也许每五六年就要改一次行，因为传统职业在不断消失，新的行业又不断地冒出来，一生改行八九次都有可能。

第三，为什么现在的社会和父母这么看重服从？要知道，成长的环境会在很大程度上影响一个人的世界观，60、70 年代出生的父母是经过经济贫瘠期的，他们长于忧患，大都吃过苦，甚至身陷动荡，环境带给他们的这些经历让他们学会隐忍，也格外重视"稳定"的工作和生活状态，对他们来说，"创新"的同义词是"冒险"、"鲁莽"而非"勇敢"。他们坚信：不听老人言，吃亏在眼前。由此看来，对服从的强调一方面有文化传统的影响，另一方面也有深深的时代和环境烙印。

所以，服从是传统教育的延续，但单纯的服从会成为个体安身立命、享受人生的绊脚石。很遗憾的是，我们的基础教育和高等教育没有与时俱进，在教育过程中还是想要讲究师道尊严，传道授业，让学生花费大量精力训练记忆，规定二元的标准答案。但一上班，社会马上换了另一种要求：世界是多彩的，多元的，没有标准答案；你要独一无二，你要创新，才能安身立命！这种教育经历和要求之间的差距真是可以用无厘头来形容了，要知道创新的前提是质疑、否定，服从的前提是接纳、肯定，这两种素质的土壤甚至可以说是矛盾的。要知道，一个从小没有享受过自由、闲暇的孩子，长大之后怎么指望他们产生什么思想、智慧、个性？孩子从小被控制得越严，长大后兴趣爱好就会越少，自主性就会越差。这样成长起来的人，很难拥有幸福的人生。

总之，面对一个多变的现实环境，对周围的一切充满新鲜和神奇的心态至关重要，只有这样才能时刻保持敏锐和开放，用心观察和反省，放弃预设立场，尤其放弃与经验相关的预设立场，不封闭自己，才能认清这个时代，跟着时代共同神采奕奕地继续成长。

原始生命力

马克·吐温在《汤姆·索亚历险记》中说"汤姆无意中发现了人类行为的一个重要定律，那就是要让人们渴望做一件事，只需要是做这件事的机会难以获得即可"。这真是千真万确的真理。想想看，有一个团队在吸纳新会员的时候设置了重重障碍，诸如身体折磨、泼冷水等。您如果经历了这些折磨才成为该团队成员，您会对该团队成员资格更珍惜，还是更厌恶？一般而言，您会更珍惜这个身份；相反，这个团队认为那些入队仪式很无聊、无意义，放宽了入队标准，宣称只要是本校学生均可加入，您加入了，您对这个团队成员资格会更珍惜，还是更忽视？一般而言，您对这个团队成员的荣誉感会降低，如果出现其他的选择，您很可能会对这个团队弃之如敝屣。

对于生命而言，又何尝不是如此？以往的人活下去很难，他们天天想的是"我怎么才能活下去"，现在生存不再是问题，人们就开始想"我为什么活"。从思考问题的深度而言，当然是进步，但问题是，这个问题的答案选择并不是如此温情，北京东珍纳兰文化传播中心主任李丹说，中国青少年、青年自杀人数及自杀率近年来居高不下，当这么多人觉得不值得活而选择放弃的时候，我们必须思考这个问题：人要活下去难道不是本能吗？为何有这么多年轻人在花还没有开的年龄就选择放弃自己的生命？他们不缺吃穿，缺的是勃勃生机。

参与竞争

在这个快速变化的社会中，我们都崇尚竞争，认为竞争会给人带来成就感，推动社会进步，但激发竞争的有效性是要有条件的，一个是竞争强度，另一个是年龄维度。如图 6-2 所示，老人和孩子的生活中不应该有竞争，而只有成年人可以在适度的竞争环境中激发潜能，图中曲线代表了不同年龄适合的竞争强度。

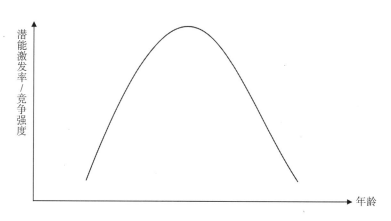

图 6-2　年龄、竞争强度与个体潜能激发之间的关系

成年人以为孩子的竞争意识要从小培养，在孩子年幼时，望子成龙的父母就义无反顾地带领着儿童参与到越来越激烈的竞争中，这真是一个让人悲哀的主题。

儿童是一个非常独特的年龄阶段，有自己独特的成长任务：积蓄能力，也就是我们需要的生命力。这是一个向内积累的过程，就像才露尖尖角的绿芽，刚刚种下的小树苗，一定要把根扎实之后才能扛得住风雨的洗礼。这是一个较为漫长的岁月，而且越是高等动物，其哺乳期越长，人类个体从"生物人"到"社会人"的进化历程更是相当漫长。

总是有人感慨这是一个焦虑的社会，成年人都很焦虑，而成年人通过代际传承将自己的焦虑转嫁到孩子身上，即使是说这是一个"拼爹"的时代，最终拼的结果还是要落在孩子的身上，太多的孩子过早地被赋予竞争的责任，背负了攀比的重担。竞争是以攀比的形式拉开序幕的，如果父母的攀比心较重，认定丛林法则、弱肉强食的道理，喜欢一些可量化的外部得失，就会希望自己的孩子比别人家的孩子多会背几首唐诗，多获取几种证书等，不仅引导孩子与他人比，还推动孩子自己和自己较劲。当孩子的注意力被转移到各种"比较"的事情上，自我成长的力量就会被消耗，社会心理学家 Baumeister（1998）说：

"自我活动能力是有限的，努力自我控制的人，强迫自己吃胡萝卜而不是巧克力，压抑被禁止的思想，随后在遇到无解的难题时，会更快放弃，有意的自我控制会耗尽我们有限的意志力储备。"

简单地说，高自我调控会造成自我调控资源的损耗。早早地将孩子推进竞争的洪流，竞争带来的焦虑感又会进一步消耗孩子的精力，进而内心变得越来越羸弱，生命力量下降。

情感的异化

人是情感动物，他只相信自己的感受。从心理学上说，并不是真理照亮了我们的成长，而是感受引导着我们前进，孩子尤其如此。想一想，你为什么喜欢数学，因为你上初中的时候很幸运地遇到了一个很好的数学老师，你努力学习，数学出类拔萃，学得越好就越有成就感，就越想学，良性循环的促成就是从情感开始的。可惜，当越来越多的家长开始介入自己孩子的生活时，出现了一种很有意思的现象，父母总觉得自己比孩子更了解自己，当孩子说"我饿"时，父母说"才吃的，怎么会饿"；当孩子说"我热"时，父母说"今天可不热"。父母出面否定孩子的感受，有人调侃"世上有一种冷，叫妈妈觉得你冷！"当父母随意侵入孩子的个人空间时，他的感受就可以总结成这样一句话："这个世上没有属于我的东西，我是没必要存在的！"

我们都说，"好的亲子关系胜过一堆教育"，问题是不尊重孩子的感受，怎么可能拥有好的亲子关系？可以说，它是亲子障碍的第一杀手！当孩子的感受被否定时，也就是他的情感流动被阻断，他的沮丧、对成人的不理解、对世界的恐慌将长久地笼罩在心头，不要说学习了，他对一切都没有兴致，像得软骨病一样瘫痪了，这个时候即使父母把心掏出来，孩子也是无动于衷，冷酷无情！

更为冷酷的事实是，如果成人漠视孩子的情绪，孩子也会习得一种模式，漠视自己和他人的情绪，慢慢失去同理心。研究表明，孩子7个月大时，就已经具备很强的同理心了。

同理心（Empathy）指站在对方立场设身处地思考的一种方式，不用解释大家就能想到，没有同理心的个体根本无法体会他人的情绪和想法、理解他人的立场和感受，并站在他人的角度思考和处理问题。失去同理心的个体在情绪自控、换位思考、倾听、表达尊重、和他人建立亲密关系方面会出现种种问题。

儿童精神学家尼可·卡特琳娜认为，家长们之所以根本不把孩子的情感放在眼里，是因为他们渴望孩子与自己"同步"。她说：

"我们是一个家庭，一个整体，有着共同的生活节奏。这种根深蒂固的潜意识在很大程度上阻碍了家长去顾及孩子的特殊感受。一个慢性子、爱做梦、做事拖拉的孩子让父母焦虑恐慌，他们似乎从孩子日常行为中的反应度及活跃性中看到了他的将来。最终让孩子认识到这是一种欠缺，从而埋下了将来引起孩子焦虑的隐患。"

前一段时间，网上疯传一首《妈妈之歌》，别看它的歌词很长（有582个英文单词），但这首歌却是在3分钟之内唱完的，可见那个妈妈是多么高效地唠叨。这首歌风靡全球的现象让人意识到世界大同，似乎它很真实地反映了很多妈妈的现实表现。我的问题是：从什么时候开始，妈妈变成了这个样子？我们的妈妈之歌不是舒缓、温情的吗？我们的妈妈不是最有爱心的、不急不躁陪伴我们度过幸福童年的人吗？很显然，妈妈不是神，她也是受环境影响的，当社会加速发展时，她自然就和其他人一样做出自己的应激反应，并体现在对待子女的态度上，用一句话概括就是：失去耐心。要知道，情绪性记忆比陈述性记忆更能影响孩子一生的幸福，尽管这个妈妈想要自己的孩子有耐心，但我强烈怀疑她这个榜样的示范实在够"自黑"，孩子从她身上学到的不是耐心的词句，而是烦躁的行为。

事实上，我们要清醒地意识到，"别让孩子输在起跑线上"是精明的商家发明出来的一句广告语，父母如果被广告左右就太不合格了。

郭橐驼种树

柳宗元曾经写过一篇《种树郭橐驼传》，翻成白话就是说：

郭橐驼，不知道他起初叫什么名字。他患了脊背弯曲的病，脊背凸起而弯腰行走，就像骆驼一样，所以乡里人称呼他叫"橐驼"。橐驼听说后，说："这个名字很好啊，这样称呼我确实恰当。"于是他舍弃了他原来的名字，也自称起"橐驼"来。

他的家乡叫丰乐乡，在长安城西边。郭橐驼以种树为职业，凡是长安城里经营园林游览或者卖水果的富豪，都争着把他接到家里奉养。观察橐驼种的树，又或者是移植来的，也没有不成活的，而且长得高大茂盛，结果实早而且多。其他种树的人即使暗中观察、羡慕效仿，也没有谁能比得上。

有人问他种树种得好的原因，他回答说："我郭橐驼不是能够使树木活得长久而且长得很快，只不过能够顺应树木的天性，来实现其自身的习性罢了。但凡种树的方法，它的树根要舒展，它的培土要平均，它根下的土要用原来培育树苗的土，捣土要结实。已经这样做了，就不要再动，不要再忧虑它，离开它不再回顾。栽种时要像对待子女一样细心，栽好后要像丢弃它一样，那么树木的天性就得以保全，它的习性就得以实现。所以我只不过不妨害它的生长罢了，并不是有能使它长得高大茂盛的办法；也只不过不抑制它的结果罢了，并不是有能使它果实结得又早又多的办法。别的种树人却不是这样，树根拳曲又换了生土，他们培土的时候，不是过紧就是太松。如果有能够和这种做法相反的人，就又太过于吝惜它们，担心太过分了，早晨去看，晚上又去摸，已经离开了，又回头去看。更严重的，甚至掐破树皮来观察它是死是活，摇晃树干来看它是否栽结实了，这样树木的天性就一天天远去了。虽然说是喜爱它，这实际上是害了它；虽说是担心它，这实际上是仇视它。所以他们都不如我。我又能做什么呢？"

总之，郭橐驼的管理经验是："勿动勿虑，去不复顾。其莳也若子，其置也若弃。"简短的十余字，从行为和心理两方面概括了郭橐驼植树的经验，充满了辩证法。这里的"勿动勿虑，去不复顾"，并非听之任之，撒手不管，而是要"爱"到要害处，"管"到点子上，是动与虑、行与思的有机结合。他移栽时的"若子"，种完后的"若弃"，正是最佳的管理，没有像疼爱孩子那样的精心培育，就不会有理想的效果。这样树的天然品质能够保全，本性也就不会丧失。"他植者"不明此理，或者让树根拳曲伸展不开，或者让培栽的土过多或不够。要不然，就是"爱之太恩，忧之太勤"，爱它太情深，忧它太过分。早晨察看，晚上抚摸，已经离开而又回头看，有时甚至用手抓破它的皮来检验其死活，摇晃树干来看培的土是疏松还是严实。其结果是"虽曰爱之，其实害之；虽曰忧之，其实仇之"。所以"他植者"、"故不我若也"。

总之，从父母的表现，到社会、学校的教育理念和实践的脱节，我们都能看出儿童的成长之路要接受更多的挑战。古语云，"匹夫无罪，怀璧其罪"。为了避免匹夫怀璧的悲剧发生，克服成长痛，父母、学校、社会都要深入思考：我们应该做些什么？也许郭先生的种树经验对我们的育儿有很好的启发作用。

只有那些在意于某一目标而不是自身幸福的人，才会真正获得幸福；无论这一目标是他人的幸福还是人类的进步，抑或是某些艺术或职业，都不是获取幸福的手段，而本身就是最终的理想。于是，以自身幸福之外的事物为目标，人们才得以从中获得幸福。

——穆勒①

---

　　① 约翰·穆勒（John Stuart Mill，1806~1873），或译约翰·斯图尔特·密尔，英国著名哲学家和经济学家，19世纪影响力很大的古典自由主义思想家。他支持边沁的功利主义。

第七章

损己的幸福

2012年中秋、国庆双节期间，中央电视台推出了《走基层·百姓心声》的调查节目，入基层对几千名不同行业的人进行采访，问题都是"您幸福吗？""幸福"被称为媒体的热门词汇。"您幸福吗？"这个简单的问句背后蕴含着一个普通中国人对于所处时代的政治、经济、自然环境等方方面面的感受和体会，引发当代中国人对幸福的思考。假如，仅是假如，如果您哪天走在大街上被央视记者拦下询问"您幸福吗？"您会怎么回答？山西太原清徐县北营村的一位务工人员面对提问先是推脱："我是外地打工的，不要问我。"当记者追问："您幸福吗？"这位务工人员上下打量了一番记者，然后答道："我姓曾。"莫言的回答是"不知道"。我的回答很干脆："最损害幸福的因素就是太过关注幸福感，我从来不想这个问题。"

许多哲学家都认为，对幸福的追求是损己的，正如约翰·斯图尔特·密尔（John Stuart Mill）曾说过的："当你问自己是否幸福时，你就已经不幸福了。"Schooler、Ariely 和 Loewenstein 用以下三个理由①解释这种损己特征。

过度关注快乐

有关幸福的一种观点就是幸福就是快乐，即使不认可"快乐等同于幸福"

---

① 取自尼克·威尔金森所著的《行为经济学》。

的观点，一个每天愁眉苦脸的人也是无论如何不能说是幸福的，因此，当被询问是否幸福时，人们对"是否快乐"的考虑会更多就是一个不言而喻的结果了。Schooler、Ariely 和 Loewenstein 进行了一项涉及 475 名参与者的扩展研究，考察这些参与者欢度千禧年的目标、计划和实现程度。我们有理由假设，那些制定了最为宏大计划并且为了狂欢而投入最多精力、耗费时间和金钱最多的参与者是对追寻幸福最为在意的人。结果显示，这些对追寻幸福最为在意的人在千禧夜之后最有可能感到失望。我们的解释是：人们在追求幸福的时候往往会依据自己是否快乐做出判断，更多关注快乐会促使幸福感显著降低。

痛苦的价值

与过度关注快乐相关的是人们过度否定痛苦的价值。事实上，痛苦自有其意义。痛觉具有重要的生物学意义，它是有机体内部的警戒系统，能引起防御性反应，对个体具有显著的保护作用。精神上的痛苦也有类似的警告作用，"就好比是告诉你，以后要尽量躲开能让人精神痛苦的事情"。从生物适应的角度分析，人脑进化目的不是为了最大化效用、获得幸福，自然选择的力量是促使人脑的最大化生物适应性，所以我们可以将快乐感、幸福感看做是个体的一种生存手段，能引发个体快乐和幸福的过往行为通常会增强生物的适应性，而导致不悦和痛苦的过往行为则标志着我们的生物适应性受到了威胁。

需要注意的是，在人脑的最优设计与现实环境的需要之间存在滞后性，最典型的就是我们对高脂肪食物的偏好，这种特性增强了人类在史前时代生物的适应性，但是现在它却将我们置于严重的危险之中，因为高脂肪食物随处可见。对于我们这些运动量急剧降低的现代人，持续的高脂肪食物导致糖尿病病人与日俱增。这进一步说明：过度关注快乐或者痛苦都不利于个体的适应。

目前，心理卫生哲学日趋强调人应该快乐，并将不快乐看作适应困难的一种症状；人们往往以痛苦为耻而非为荣，因此使得一个人不但不快乐，还要因不快乐而羞耻。美国普渡大学心理学教授 Edith Weiss Kopf-Joelson 认为："这样的价值观应该对我们四周许多由不快乐所引起的不幸负责。"

善变的欲望

虽然很多欲望因为无奈的现实搁浅了，但我们往往都有如下的判断：幸福需要人们去争取，仅凭期待并不能将幸福变成现实，人们必须努力去寻找幸福，必须战胜生活中的不愉快及每个人所经历的失去和失败。当欲望驱动我们努力奋斗的时候，我们坚信：如果能升职、加薪、出名、娶她，我一定会幸福。我们觉得，自己是在一个正确的方向上奋斗，世界上的确有这么一个幸福之地，只是我们错过了。

拉康①说："欲望的实现是快乐的中止，如果你真的心想事成，你仍然不快乐。"也就是说，欲望标示的方向并不靠谱，其实，连理智标示的方向也不怎么靠谱。因为说到底，我们人类的心理机制，并不是为追求幸福设计的。在我们的祖先还在钻木取火的时候，大脑已经有了最简单的趋利避害的功能。也就是说，我们的大脑很早就知道见了果实就要采摘，甚至肚子吃饱了还要储藏下来以备不时之需。这是最简单的欲望了，进化给我们带来了重要变化：一方面，我们大脑皮层，尤其是前额不断发展，让我们拥有了通过逻辑和想象预测未来的能力；另一方面，我们面临的社会现实不断复杂，让欲望和外部条件之间有了各种因素（宏观的如文化、微观的如期望）的包装。总体而言，欲望的满足不再是一件简单的当下行为，而是一个复杂的设计。抬眼看到芸芸众生，我们可能很快就能算出自己的单位工作时间收益，我们也可以很好地监控自己不要闯红灯，但我们很难了解自己的内心感受、了解特定事件对自己意味着什么。我们知道挣更多的钱能买到什么、做坏事会受什么惩罚，却很难预测未来的心理状态。

说到欲望的善变，突然想起一个笑话。

男人和女人在各个年龄段的需求一览表

（1）1~5岁：

---

① 雅克·拉康（Jaques Lacan，1901~1981），法国心理学家、哲学家、医生和精神分析学家，结构主义的主要代表。他出生于法国巴黎一个有着天主教传统的商人家庭，因肠癌逝于法国巴黎。

女：妈妈。

男：妈妈。

(2) 6~10岁：

女：不是讨厌的男孩子就可以了。

男：可以陪我欺负女孩子的哥哥。

(3) 11~15岁：

女：十五六七八岁的大哥哥，千万不要同年级那帮野蛮人。

男：足球、篮球、羽毛球、乒乓球……

(4) 16~20岁：

女：我要十七八岁差不多年纪大家都称赞的大帅哥。

男：女人，女人就可以了。

(5) 21~25岁：

女：25~29岁的成熟男人，要有事业基础、有品位、有才华。

男：20~24岁漂亮又有身材的女人。

(6) 26~30岁：

女：仍然坚持要比自己大的男人。

男：20~24岁漂亮又有身材的女人。

(7) 31~40岁：

女：心灵契合的好男人。

男：20~24岁漂亮又有身材的女人。

(8) 41~50岁：

女：男人。

男：20~24岁漂亮又有身材的女人。

(9) 51~60岁：

女：可与自己终老的男人。

男：20~24岁漂亮又有身材的女人。

(10) 61~80岁：

女：五六十岁时找到的那个男人最好不需要自己照顾的。

男：20~24岁漂亮又有身材的女人。

（11）81~90岁：

女：比自己迟死的男人。

男：虽然我已经老花眼了，看不清楚，但我还希望是20~24岁漂亮又有身材的女人……

的确，如果一个人一直保持第一次吃奶油蛋糕或者第一次接吻时的敏感，幸福就是容易的。但一个人很快就会发现更好吃的食物、更漂亮的姑娘。在欲望达成之前，欲望的灯塔让我们相信存在一劳永逸的幸福——因此我们拼尽全力。但欲望并没有像它承诺的那样，给人们带来持久的快乐。通常，个体会很快适应快乐、厌烦，并开始寻求新的变化。可以这样说，快乐机制是数百万年演化的生化机制，这种演化机制让人们的快乐只是短暂奖赏，不然人就不会有心情去做其他事情。事实上，人的心理就像一个恒温系统，所有的正向和负向的波动都在努力回到正常水平线上，无论是食不果腹还是富可敌国，我们都对自己拥有什么不敏感，而只对变化敏感。遗憾的是，欲望被激起的时候，我们常常误以为我们的感觉是永恒的，因为我们总是根据当前的状态来想象未来的需要。

有一天，我们开始了财务自由的幻想：如果你有足够的钱，你会做些什么？我说："买房子！到世界各地买房子，轮流在每个地方最美的时候入住。"学姐说："我还是这样，每天看书，不会有什么大变化的，过一段时间就出去走走，喜欢哪里去哪里，去哪里就在哪里租房子。"我们聊得不亦乐乎，一言不发的学妹开口了："有钱谁不会花啊，比如现在我坐公交，有钱了我就打车！"

每个人都描述了自己的生活：我的地主思维，学姐的智者思维，学妹的贫者思维。每个人对世界的看法就是自己对世界看法的影射，一点没有错。

你还记得自己在饥饿情况下逛超市的情景吗？我从不敢在那个时候逛，我一定会下意识地购买一堆零食，总觉得还不够，事实上，还吃不了1/4就吃不下了，然后又开始发誓减肥！一般而言，如果现在开心快乐，个体就想象不出抑郁时的感受；相反，抑郁的时候，个体并不觉得去公园走走或者找朋友聊天会让自己开心。虽然研究显示：出去散步、找朋友聊天是减轻抑郁的好方法。我们抱持着这么多可笑的欲望不放，是因为我们只能从现在的感受，来窥探未来的影子。我们无法预测完全不同的未来。

进一步讲，我们展望未来的时候，会依据大脑中抽象的刻板印象，而忽略更加复杂的细节。想象露营，我们只会想到美丽的星空，不会想到恼人的蚊子、没法洗澡的难受和没有厕所的尴尬。可问题是，随着事情的临近，我们发现，这些被忽略的细节，正变得越来越重要，甚至重要到能完全推翻我们的预想和决定。

我先生有段时间在成都工作，我也有意去那里和他团聚，我在春天小住时也很喜欢成都的悠闲和美丽，认定它是"一座来了就不想走的城市"。可惜，当夏天我再过去的时候，不知道是不是因为潮湿，我过敏得厉害，起了一腿的包，奇痒无比。我终于意识到，痒也是一种酷刑。自此，我们只好对未来进行重新规划。

这些预测错误，都让欲望所做的关于幸福的许诺，变得不那么可靠。对于我们这样的普通人，欲望不是敌人，更像是酒肉朋友，更多时候，欲望所指引的，是易倦的消费性体验，而发挥自身优势所产生的创造性体验，才是幸福永不枯竭的来源。

夸大物质的力量

Kasser 和 Ryan 发现，童年艰辛的人要比拥有正常童年的人更可能把追求财富作为主要的目标，就像很多人认可的：没有钱是万万不能的，甚至金钱可以购买幸福[①]。事实上，人们倾向于高估财富对幸福的影响。已有研究表明，

---

① 取自尼克·威尔金森所著的《行为经济学》。

那些希望拥有更多物质财富的人的幸福感要低于追求其他目标的人，如追求身心发展、和谐的人际关系或改善世界等。霍华德·金森的幸福研究因为很好地说明了物质与幸福的关系①而广为传播。

人的幸福感取决于什么？

第一次研究：

1988 年 4 月，24 岁的霍华德·金森是美国哥伦比亚大学的哲学系博士。为了完成他的毕业论文《人的幸福感取决于什么》，他向市民随机派发出了10000 份问卷。问卷中，有详细的个人资料登记，还有 5 个选项：A 非常幸福；B 幸福；C 一般；D 痛苦；E 非常痛苦。

问卷回收情况：历时两个多月，收回 5200 余份有效问卷。统计发现，121 人认为自己非常幸福。

121 人的基本情况：50 人是这座城市的成功人士；另外的 71 人，有家庭主妇、卖菜农民、公司职员、领取救济金的流浪汉。

研究结论：这个世界上有两种人最幸福。一种是淡泊宁静的平凡人，另一种是功成名就的杰出者。如果你是平凡人，你可以通过修炼内心、减少欲望来获得幸福。如果你是杰出者，你可以通过进取拼搏，获得事业的成功，进而获得更高层次的幸福。

第二次研究：

2009 年，霍华德·金森对那 121 人进行了第二次问卷调查。

121 人的基本情况及调查结果：

当年那 71 名平凡者，除了两人去世以外，共收回 69 份调查表。这 69 人的生活发生了许多变化，有的跻身于成功人士的行列；有的一直过着平凡的日子；有的人由于疾病和意外，生活十分拮据。他们的选项都没变，仍旧为"非常幸福"。

50 名成功者的选项却发生了巨大的变化：9 人事业一帆风顺，仍然为

---

① 取自 http：//blog. sina. com. cn/s/blog_9dcbef110101gd2j. html，有删减。

"非常幸福"；23 人选择了"一般"；16 人事业受挫，或破产或降职，选择了"痛苦"；2 人选择了"非常痛苦"。

研究结论：所有靠物质支撑的幸福感，都不能持久，都会随着物质的离去而离去。只有心灵的淡定宁静，继而产生的身心愉悦，才是幸福的真正源泉。

金钱与幸福的关系

既然说到了物质、金钱，我们这里还是要稍稍展开一下，谈谈金钱和幸福的关系。考虑到二者的关系相当复杂，我们又不是卫道士不想说教，因此，在这里我们仅就几个比较典型的有关金钱和幸福的研究简单呈现出来，请智慧的您自己得出结论。

尽管我们总是听到一句话"金钱不能买到幸福"，但研究发现，收入与幸福呈正相关，但并非直接正相关。因为，随着收入的增多，它对生活满意度的作用也逐渐减小。在低收入人群中，一份额外收入会对幸福产生巨大的推动作用；在那些能满足生活基本需求的人群中，这种额外收入的作用依然很大。此外，有研究者将不同国家的平均生活满意度进行了比较。研究结果显示：国民生产总值——GNP 是其国民幸福与否的决定性因素。除去例外情况，最不幸福的国家也是最穷的，而最幸福的国家则最富。

海克·普拉斯曼、约翰·奥多尔蒂、布巴·西弗和安东尼奥·朗格尔 2008 年在国家科学院发表过一项研究，研究者记录了参加实验者饮酒时的大脑活动。研究过程如下：研究人员请试验者品酒，并同时告诉试验者某种酒价格更贵。结果显示，当他们在喝价格更贵的酒时，他们大脑幸福中枢就更活跃。最后，他们得知，那些酒的价格全部一样。该研究提醒年轻的姑娘，您可能只是因为男朋友给自己买了宣称更贵的礼物就觉得他更爱自己了。古话"百行孝为先，论心不论迹，论迹寒门无孝子；万恶淫为首，论迹来论心，论心世上无完人"曾经智慧地解释了物质和心理的关系。可惜，很多人都不再以此为意。

丹尼尔·卡尼曼调查发现：当某位住在高消费地区的人其家庭收入约为

7.5 万美元时（此收入标准在低消费地区相应减少），他的经验自我幸福感满足水平就不会再提升。经验自我的幸福感会随着收入增加而提高，但超过那个标准后，也就不会再提升了。这个结论很有意思，不难想象，更高的收入无疑能使人们获得更多快乐，包括可以在有趣的地方度假、听歌剧、改善生活环境等。可惜这些增加的快乐没有在情绪经验的报告中显示出来！卡尼曼的解释是，更高的收入会削弱人们享受生活中小乐趣的能力。类似的证据支持了这个观点：向学生过早地灌输金钱观会影响他们在吃巧克力时的快乐感受！

2008 年，伊丽莎白·邓恩、劳拉·B. 阿克尼和迈克尔·诺顿在《科学》上发表过一项研究结果：只有把钱花在别人身上时，金钱才能买到幸福。他们描述了三项试验：①在对美国人的调查中，他们发现，即使总收入有限，人们还是能从赠送礼物、给予他人经济帮助及慈善捐助中获得幸福感（他们还发现，总收入决定着幸福感）。②他们还调查了收到利益分红的员工，把分红花费到别人身上的人会在未来 6~8 周内体会到幸福，而花在自己身上的人则没有这种情况。③这是一项真人实验：试验者每人分得 5~20 美元不等，他们遵循指导，或自己花掉，或花在别人身上。幸福感随之体现出来，自己花掉钱的人，其幸福感明显小，不管钱多钱少。还有一个发现，研究人员让其他试验者预测，哪一种消费能给人最大幸福感，他们都错误地认为，把 20 美元完全自己消费的人最幸福。

幸福错觉

人们往往由于某种缺失而过分关注一种事物对个体情绪的影响。例如，人们常常因为想到北京的雾霾，而普遍认为那些居住在山清水秀地区的人们比北京人更幸福。但事实上，一个地区气候的好坏与该地居民的幸福感并没有显著关联，这就是聚焦错觉的实质。总体而言，我们可以将聚焦错觉看作是人们由于过分关注一件事物而产生的认知偏差。Wilkinson 的研究结果显示，不快乐很有可能导致人们在生活中去追求更多的物质财富。我们如此解释这种行为的发生机制：不快乐的个体首先从可以看到的因素——物质和金钱解释自己的不快乐（过度理由效应的表现），从而产生聚焦错觉，坚信"没有钱是万万不能的"，从而导致个体更为关注追求物质财富。

丹尼尔·卡尼曼和戴维·施卡德（David Schkade）的研究很好地解释了聚焦错觉这一概念。

研究目的：

回答两个问题：①住在加州的人比其他地方的人更快乐吗？②人们普遍认为加州人相对快乐的程度如何？

研究过程：

召集来自加州、俄亥俄州和密歇根州的学生，组成一个大样本。获取被调查者生活各个方面满意程度的详细报告；做一个关于某个"与你有同样兴趣和价值观"但却住在别处的人会怎样完成同样的调查问卷的预测。

数据结果：

（1）两个地区的学生对天气的态度不同：加州人很享受当地的气候，而中西部人却厌恶当地的气候。

（2）气候并不是决定幸福感的重要因素，甚至加州学生与中西部学生的生活满意度没有任何不同。

（3）很多被调查者认为加州人更为幸福。两个地区的学生都犯了同样的错误：夸大了气候的重要性。我们将这种错误称为聚焦错觉。

聚焦错觉的本质是眼见即为事实，就上面例子来看，即是对气候给予了过多的权重，却忽略了其他影响幸福的因素。

总之，金钱对幸福的关系并不是钱越多越幸福，对大多数人而言，收入多少与幸福与否似乎并无过多牵连，这在心理学和道德范畴内都存在有利的证据——谴责猖獗的物质享受。尤其是 1974 年理查德·伊斯特林（R. Easterlin）在著作《经济增长可以在多大程度上提高人们的幸福》中提出了著名的"伊斯特林悖论"，即收入持续增加并不一定导致幸福持续增加的结论得到了众多专业人士的认可。但是，不管金钱对幸福的作用多小，它还是起到了一定的作用。正如梅·韦斯特所说："我经历过贫穷，也享受过富裕。相信我，还是富点儿好。"

失去行动的内在动力

有大量的研究显示，当人们为了追求金钱这样的外在奖励而执行某些行动时，往往会忘记这些行动的内在诉求，上一章的"过度理由效应"就是一种很好的解释，因此可以想象，如果人们为了追求快乐而去执行某项行动，如去听音乐会，那么他们得到的快乐就要低于为了追求内在价值（享受音乐）而执行这项活动。叔本华曾说：

"对于绝大多数学者来说，他们的知识只是手段而不是目的。这解释了为什么这些人永远不会在他们的知识领域里取得非凡成就，因为要有所建树的话，那他们所做的学问就必须是他们的目的，而非其他别的一切，甚至他们的存在本身，也只是手段而已。能够获得新颖、伟大的基本观点的人，也只是把求知视为自己学习的直接目的，而对此外别的目的无动于衷的人。"

幸福的研究表明：当人类积极主动且有目标时，他们就会蓬勃发展。懒散、长期懈怠和对事物缺乏兴趣会导致痛苦。绝大多数人都有让自己忙碌、富有创造性并被需要的内在需要，人们只有努力奋斗，经历各种考验才能成就一番事业，因此获得的成就感绝不是单靠纯粹的运气、继承或消费（或愉悦）能比的。正如爱默生[①]（Ralph Waldo Emerson）所言，"人生最高的奖赏和最大的幸运产生于某种执着的追求，人们在追求中找到自己的工作与幸福——无论是编织篮子、制作大刀、开凿运河还是制定法律或谱写歌曲"。

免费的诱惑

我将"免费诱惑，不可抵挡"放到百度上进行搜索，百度结果显示有约1340000条的结果！我们生活在一个商业社会，免费、减价随处可见，我们面

---

① 爱默生（Ralph Waldo Emerson，1802~1882），美国文艺复兴（1835~1865）的领袖，欧洲浪漫主义潮流在美国的发言人，美国思想家，诗人。1836年出版处女作《论自然》。他文学上的贡献主要在散文和诗歌上。

对如海的商品，会做出怎样的选择？有研究表明：诱惑不可抵挡。这种诱惑不仅表现在物质上，也表现在情感上。

想象下面的场景①：假设你是一个恋爱中的人，现在去参加一项心理学的实验。在等候开始实验的时候，一个漂亮的异性出现了，他（她）也是来参加心理实验的，由于实验还没有开始，你们便聊了起来。你们聊得很投机，看得出来，对方对你也很感兴趣，有的时候还有一些暧昧的暗示，让你有些心旌荡漾。

正式实验开始了，研究者要你想象一下自己的恋爱对象表现出的某些令你厌恶的行为，如约会迟到，或者在一些事情上撒谎，并且进一步追问，当爱侣有这样一些表现时，你会采取什么样的反应。你怎么回答这个问题，是准备宽容爱侣的错误，还是想对恋人的错误不依不饶？

研究的结果很有意思：在和有魅力的女性亲切聊天之后，男性被试者更倾向于不宽恕自己恋人的错误；而和魅力男士聊天之后，女人们则更倾向于选择原谅自己的男朋友，并为恋人的错误寻找借口。

其实，所谓的"正式实验"开始之前之所以能遇到一位充满魅力的异性，并不是你今天运交桃花，这也是研究者所安排的实验的一部分。研究者事先就找了一位有着表演经验，且外形出色的演员，还对其进行了如何"暧昧调情"的专门训练，目的是想看看处在恋爱中的你，在面对优秀的异性诱惑时，能否抵制诱惑，这会不会影响到你和当前恋人的关系。

上述的爱情诱惑研究似乎证明男人花心，而女人更懂得维系关系；但遇到珠宝诱惑，估计男女的表现就是另一种结果了。总之，我们有一种倾向：即使这些东西我们并不真的需要，但如果遇到免费我们就会勇往直前。艾瑞里这样解释：多数的交易都有有利的一面和不利的一面，但免费让我们忘记了不利的一面。因此，在确定价格的过程中，"0"就不是一个价格了。举个例子会更清楚。

---

① 取自 http://www.hnxinli.com/Article/Show-10604.html，有删减。

假如你正在网上购书，现在京东给您两个选择，每个人只能选一个：一个是一张 20 块钱的京东网络书店礼品券——免费，另一个是一张 40 块钱的礼品券——你要支付 9 块钱。想一下，马上回答，你选择哪一个？

如果你选择那张免费礼品券，那您就和我们测试中的大多数人一样。但仔细想想我们会发现，40 块钱的礼品花 9 块钱，您的净得是 31 块钱，这可能比免费的 20 元礼品券（净得 20 元）要多。看来"0"价格在我们决策中的影响独一无二。

现在，商家比我们更早意识到了免费的价值，他们推出这么多的免费策略（如网上购物网站中购满 100 元免运输费的策略）诱惑我们购买自己并不需要的产品，我们的"初心"被很快遗忘在出发地。

多重选择的困境

这个充满诱惑的社会让我们总是处于多重选择的决策中：我要嫁给那个充满情趣、善于调情的花心大萝卜，还是那个温情但木讷的理工男；我是要去稳定但乏味、论资排辈的行政机关工作，还是要去充满刺激，但工作不规律、未来不确定的创业公司？不同的选择在每个人面前晃来晃去，各有利弊。大家是不是会想，要是能嫁给那个理工男，却能和花心男保持联系是不是就可以了？要是行政机关能兼职是不是就能解决工作难题了？艾瑞里用电子模拟游戏观察典型个体行为表现。

第一个游戏：三扇门游戏。

电脑屏幕上有三扇门：第一扇是红的，第二扇是蓝的，第三扇是绿的。参与者可以点击任何一扇门进入房间。进入房间后每点击一下就可以赢得一定数量的钱。例如，某一房间分值是 1 美分到 10 美分之间，那么参与者在该房间里每点击一下鼠标就可以赢到相应数目的钱，电脑屏幕上也随之显示赢到的钱数。要想多赢钱，就必须找到给钱最多的房间，并且在该房间里尽量增加点击的次数。但是，这并不简单。每换一个房间，你就用掉一个点击次数（每人限点击 100 次）。一方面，变换房间有可能找到赢钱最多的一个；另一方面，不断在房间与房间之间拼命找来找去，也会用掉本来可以赢钱的点击次数。

艾伯特是最早的参与者之一。他属于好斗一族，决心在赢钱数目上胜过其他对手。他首先点开了红色的房门，进入方形的红色房间。进去以后，他点击鼠标，屏幕上显示他得了 3.5 美分；再点击一次，4.1 美分；第三次点击只有 1 美分。他在这个房间里又试了几次，决定换到绿色房门。他马上用鼠标点击绿门进入另一房间。这个房间的第一次点击是 3.7 美分；再点一次，得了 5.8 美分；第三次是 6.5 美分。屏幕底部显示他赢的钱越来越多。绿色房间看起来比红色房间好，但蓝色房间会怎样呢？他点击最后一扇门。三次点击都在 4 美分左右。他赶紧又点开绿色房间（这个房间每次 5 美分左右），一直把 100 次点击数用完，他赢的钱数也随之增加。最后，艾伯特问自己的战绩。我们笑了，说现在他的成绩是最高的。

第二个游戏：消失门游戏。

消失门游戏将三扇门游戏做了一点改变：如果 12 次点击后有哪扇门没被点到，这扇门就会永远消失。

山姆是"消失门"游戏的最早参与者之一。游戏一开始，他首先选择蓝色房门，进入以后，点击了 3 次。他的得分随之显示在电脑屏幕上，但他注意到的不仅是分数。随着每一次点击，其他两扇门的尺寸也跟着减少 1/12，表示如果不被点到，就会继续缩小。如果再有 8 次点不到，就会完全消失。山姆移动光标，点击红色房门，使它恢复原来的尺寸。进入红色房间，点击了 3 次。可是他又注意到绿色房门——再有 4 次不点它就会完全消失。他再一次移动光标，点击绿门，使它恢复到原来的大小。绿色房间的分值似乎最高。那么他是否应该在这里一直待下去呢？（每个房间都有自己的分值区间。山姆还不能确定绿色房间是最高的。蓝色房间可能比这里还高，红色房间可能还要高，也可能两个房间都不如绿色的高）山姆眼里出现焦躁的神色，他迅速把光标从屏幕的一侧移动到另一侧，点开红色房门，但又看到蓝色门也在缩小。他在红色房间里点了几下，又赶紧点开蓝色房门。可是这时绿色房门却变得更小，不点不行了——他赶紧移动到绿色房门。

山姆在几扇门之间疲于奔命。我的脑海里则出现另一幅典型的画面：明星拖着箱子，一个代言刚刚结束，连气都顾不上喘一口，又马不停蹄地赶往下一个活动。这难道就是我们现实中有效的生活方式吗？特别是当每个星期我们面前就多出一两个代言的时候？

每个人的现实生活都是要根据自己的情况自己做出决策的，但是在试验中我们可以清楚地看到，东奔西跑不仅令人身心俱疲，而且很不经济。事实上，那些手忙脚乱企图让所有的门都开着的参与者，到头来赢到的钱比其他那些无须处理"消失门"的同学要少得多（大约少15%）。事实是，他们只要选中任何一个房间，哪一个都行，一直打到底，赢的钱肯定比他们实际上拿到的多！那个在两个男人间犹豫的美女，只要踏踏实实做出选择，充分享受这个爱人的优点，一定会比这种走钢丝的犹豫好得多；那个在两项工作中都不能全身心投入的个体，努力挖掘自己特定领域的优势潜能，也会优于这种浅尝辄止的游离。

"为自己保留选择余地"是一种适应行为，帮助我们在资源匮乏的条件下顽强地生活下来。但在当今世界背景下，我们仍然竭力为自己保留选择余地就会让我们疲于奔命，而且由于思维局限（如过度理由效应），我们往往会去追逐毫无价值的选择——那些几乎消逝的或者对我们不再有价值的机会。艾瑞里说：

"实验证明，手忙脚乱地去保持所有选择是傻瓜的游戏。它不仅耗尽我们的热情，也掏空我们的钱包。我们需要把有些'门'自觉关掉，关掉某些小门当然容易，但大一些的门关起来就很困难。通向新职业、新职位的大门关起来就很难，通向我们梦想的大门关起来更难。我们和某些人的关系之门也是如此——即使它看起来已经毫无价值。"

所有的上述内容似乎让我们得到一个悖论：一方面，如果我们一心一意去追寻幸福并且以幸福的多少对行动的结果进行考量，那么就有可能达不到幸福的目的；另一方面，如果我们从来不评估幸福体验，那么可能根本就不清楚我们执行行动的依据，导致行动无助于获取幸福。由此看来，我们需要采取飞行员的飞行策略：在大部分的时候依靠自动驾驶，全身心地投入到我们的各种行为中；偶尔采用手动控制，思考一下自己是否幸福，依据这种感受对自己做什么、是否应该做下去做一个谨慎的判断，从而确定我们追求的目标，考核自己追求目标的有效性。

苏格拉底早就告诉我们："不经审视的生活不值得过。"我们要审视我们的生活质量，就要寻找人生衡量器。人们衡量商业成就时，标准是钱。用钱去评估资产和债务、利润和亏损，所有与钱无关的都不会被考虑进去，金钱是最高的财富。但是在看待自己的生命时，幸福的测量价值毋庸置疑。

我们的社会生活正在经历着一个彻底的和根本的变化。毋庸置疑，中国社会正在经历由多重转型组成的大变化之中。在这种大变化中，不能简单地看待或评价当代幸福，因为中国的幸福具有多元性、复杂性与异质性。考虑到影响幸福的因素方方面面实际上是互相影响的，幸福是由多种因素共同作用导致的，我们实际上很难将各种影响因素区分开，进而很难对变化导致的幸福现象做出合理的解释。比如说，到底是"因为有钱而快乐"还是"因为快乐容易挣钱"；再比如到底是"有福之人不用愁"还是"不愁之人自有福"。

本书试图通过推理，尽可能多地解释幸福的影响因素，这些因素可以归纳为两类：①个人特征，如期望值、性别、年龄、受教育程度、身体健康状况、经历与背景等；②个人无法选择的宏观制度安排，如通货膨胀、失业、制度的公平性、公共品的数量与质量、环境等。有关幸福的测量等很多社会现象是我们难以把握的，还需要更多的社会科学工作者们做更深入的探讨与分析。从这一意义来讲，本书也算是抛砖引玉。我的基本观点是，既然无法全面解释幸福的影响因素，我们就将自己的关注焦点聚焦于社会变化对个体的影响。我们相信，这些影响和个体的幸福息息相关。

最后，我要在这里重申一下我表述的基本逻辑，尽管这里尽量用两个变量（悠闲和诱惑）来解释我们幸福的发展趋势（意义感弱化、快乐感强化），但它无非是一种帮助人记忆的辅助手段。人们可以用这几个概念思考幸福，从最基本的层面上看，它应该是有用的，可是在复杂的社会现实面前，尤其是对于具体的每一个个体，它的效用都是要打折扣的。我们不能用这几个简单的变量孤立地看待幸福及幸福影响因素。实际上，在任何一种幸福的分类方式及幸福影响因素的组合分析中，所有的元素都有着千丝万缕的联系，忽视这些关系，就违背了心理学定律，整体大于部分之和，从而承受很大的风险，更远地离开幸福。

参考文献

［1］Baumeister R. F., Bratslavsky E., Muraven M., Tice D. M. Ego Deple-
tion：Is the Active Self a Limited Resource？［J］. Journal of Personality and Social
Psychology，1998（74）.

［2］Compton W. C., Smith M. L., Cornish K. A., Qualls D. L. Factor
Structure of Mental Health Measures［J］. Journal of Personality and Social Psychol-
ogy，1996（71）.

［3］Daniel Kahneman，Paul Slovic，Amos Tversk. 不确定状况下的判
断——启发式和偏差［M］. 方文，吴新利，张擎等，译. 北京：中国人民大学
出版社，2008.

［4］Deci E. L., Ryan R. M. Handbook of Self-determination Research［M］.
NY：University of Rochester Press，2002.

［5］Diener E., Lucas R. E. Personality and Subjective Well-being［M］//D.
Kahneman，E. Diener，N. Schwarz. Well-being：The Foundations of Hedonic Psy-
chology. New York：Russell Sage Foundation，1999.

［6］Easterlin. Does Economic Growth Improve the Human Lot？Some Empirical
Evidence［M］// Paul A. David ，Melvin W. Reder. Nations and Households in
Economic Growth：Essays in Honor of Moses Abramovitz. New York：Academic
Press，1974.

［7］Easterlin R. A. Feeding the Illusion of Growth and Happiness：A Reply to

Hagerty and Veenhoven [J]. Social Indicators Research, 2005, 74 (3).

[8] Easterlin R. A., McVey L. A., Switek M., Sawangfa O., Zweig J. S. The Happiness-income Paradox Revisited [J]. Proceedings of the National Academy of Sciences, 2010, 107 (52).

[9] Fromm E. Primary and Secondary Process in Walking and in Altered States of Consciousness [J]. Academic Psychology Bulletin, 1981 (3).

[10] Gilovich T. How We Know What Isn't So: The Fallibility of Human Reason in Everyday Life [M]. New York: The Free Press, 1991.

[11] Harry Helson. Adaptation-Level Theory [M]. New York: Harper & Row, 1964.

[12] Hsee C. K., Shen L., Zhang S., Chen J., Zhang L. Fate or Fight: Exploring the Hedonic Costs of Competition [J]. Organizational Behavior and Human Decision Processes, 2012, 119 (2).

[13] Joiner T. E., Conwell Y., Fitzpatrick K., et al. Four Studies on How Past and Current Suicidality Relate Even When "Everything But the Kitchen Sink" Is Covaried [J]. Journal of Abnormal Psychology, 2005 (114).

[14] Kahneman D., Diener E., Schwarz N. Well-Being: The Foundations of Hedonic Psychology [M]. New York: Russell Sage Found, 1999.

[15] Kahneman D., Tversky A. Prospect Theory: An Analysis of Decisions under Risk [J]. Econometrica, 1979 (47).

[16] McGregor I., Little B. R. Personal Projects, Happiness, and Meaning: on Doing Well and Being Yourself [J]. Journal of Personality and Social Psychology, 1998 (74).

[17] Mischel Walter. Personality and Assessment [M]. London: Wiley, 1968.

[18] Peterson, Maier, Seligman . Learned Helplessness: A Theory for the Age of Personal Control [M]. Oxford : Oxford University Press , 1995 .

[19] Ryan R. M., Deci E. L. Intrinsic and Extrinsic Motivations: Classic

Definitions and New Directions［J］. Contemporary Educational Psychology，2000（25）.

［20］Ryan R. M.，Deci E. L. Self-determination Theory and the Facilitation of Intrinsic Motivation，Social Development，and Well-being［J］. American Psychologist，2000（55）.

［21］Ryan R. M.，Deci E. L. To be Happy or to be Self-fulfilled：A Review of Research Hedonic and Eduaimonic Well-being［M］// S. Fiske. Annual Review of Psychology，2001（52）.

［22］Ryan R. M.，Connell J. P. Perceived Locus of Causality and Internalization：Examining Reasons for Acting in Two Domains［J］. Journal of Personality and Social Psychology，1989（57）.

［23］Ryff C. D.，Keyes C. L. M. The Structure of Psychological Well-being Revisited［J］. Journal of Personality and Social Psychology，1995（69）.

［24］Ryff C. D.，Singer B. The Contours of Positive Human Health［J］. Psychological Inquiry. 1998（9）.

［25］Waterman A. S. Two Conceptions of Happiness：Contrasts of Personal Expressiveness（Eudaimonia）and Hedonic Enjoyment［J］. Journal of Personality and Social Psychology，1993（64）.

［26］Yang A. X.，Hsee C. K.，Zheng X. The AB Identification Survey：Identifying Absolute versus Relative Determinants of Happiness［J］. Journal Happiness Study，2012（13）.

［27］阿尔文·托夫勒. 第三次浪潮［M］. 北京：中信出版社，2006.

［28］阿尔文·托夫勒. 力量转移：临近 21 世纪时的知识、财富和暴力［M］. 北京：新华出版社，1990.

［29］阿尔文·托夫勒. 未来的冲击［M］. 北京：中信出版社，2006.

［30］丹·艾瑞里. 怪诞行为学——可预测的非理性［M］. 赵德亮，夏蓓洁，译. 北京：中信出版社，2010.

［31］冯友兰. 中国哲学史［M］. 重庆：重庆出版社，2009.

［32］弗兰克尔. 追寻生命的意义［M］. 北京：新华出版社，2003.

［33］富兰克·奈特. 风险、不确定性和利润［M］. 安佳，译. 北京：商务印书馆，2010.

［34］龚咏雨. 重大人生启示录［M］. 中国香港：香港中文大学出版社，2013.

［35］何兆武口述，文静整理. 上学记［M］. 北京：生活·读书·新知三联书店，2013.

［36］赫伯特·乔治·威尔斯. 世界史纲［M］. 吴文藻，谢冰心，费孝通等，译. 西安：陕西师范大学出版社，2001.

［37］亨德里克·威廉·房龙. 宽容［M］. 北京：生活·读者·新知三联书店，1995.

［38］卢梭. 爱弥儿［M］. 李平沤，译. 北京：商务印书馆，1978.

［39］罗素. 西方哲学史［M］. 何兆武，李约瑟译. 北京：商务印书馆，1963.

［40］马丁·塞利格曼. 持续的幸福（Flourish）［M］. 赵昱鲲，译. 杭州：浙江人民出版社，2012.

［41］马丁·塞利格曼. 真实的幸福［M］. 洪兰，译. 沈阳：万卷出版公司，2010.

［42］马尔科姆·格拉德威尔. 异类：不一样的成功启示录［M］. 北京：中信出版社，2009.

［43］玛格丽特·米德. 文化与承诺［M］. 石家庄：河北人民出版社，1987.

［44］尼尔·波斯曼. 娱乐至死［M］. 桂林：广西师范大学出版社，2010.

［45］尼克·威尔金森. 行为经济学［M］. 贺京同，那艺等，译. 北京：中国人民大学出版社，2012.

［46］佩塞施基安. 身心疾患治疗手册——跨文化、跨学科的积极心理疗法［M］. 北京：社会科学文献出版社，2002.

［47］埃里希·弗罗姆. 逃避自由［M］. 北京：国际文化出版公司，1941.

［48］泰勒·本·沙哈尔. 幸福超越完美［M］. 北京：机械工业出版社，2011.

［49］亚当·斯密. 道德情操论［M］. 北京：光明日报出版社，2007.

［50］詹姆斯. 心理学原理［M］. 唐钺，译. 北京：北京大学出版社，2013.

后　记

　　我一直在高校工作，一波又一波的学生提醒我作为教师的身份。坦率地说，这并不是一个美差，因为我在这 20 多年的教学工作中，最关心的人的发展问题让我感到越来越忧心忡忡。当然，我不想让大家误解我是一个九斤老太，要感慨"一代不如一代"；相反，我看到了那么多鲜活的灵魂，或俏皮，或乖巧，引人怜爱；或坚毅，或勤奋，让人敬佩。我想告诉读者的是，就因为他们是如此可爱、可敬，我才希望我在本书中的隐忧是杞人忧天的。无论怎样，我希望我的观点得到您的驳斥，并恳请大家关注这个非常悲哀的幸福主题，甚至为我的问题提供行之有效的解决方法。

　　如果这本书描述的趋势能够得到哪怕一点点的抑制或者扭转，我会欣慰不已，并在私下里欢呼雀跃——考虑到我笨拙的舞姿实在不能给大家带来欢愉，只好如此！

　　在过去 20 年高校的教学和学习生涯里，作为教师，作为社会一员，我和我的学生、朋友、同事探讨我的观点和根据，他们也会开诚布公地表达对这个问题的看法，我由此可以对这些观点进行讨论和反思。让我欣慰的是，从这些互动中我可以了解很多东西，让我坚信人有一种整合自己的力量：这些力量不是来自外部，而是来自内心，也许这就是人之所以为人的原因所在。

　　我要在此明确提出我的观念：类似于我们的听觉仅能接收一定频率范围的声波，个体也只能适应一定变化速度的社会现实。目前，如此快速的变化导致个体没有机会细细品味自己的内心感受，幸福的内核被忽视，我们能感受到的所谓的幸福仅是看上去很美而已——最多是强烈，但绝不深刻。

　　承认人有弱点，而且承认人的弱点不可能完全消除，看上去是一件很小的事情，可是，这样的立论起点可以给我们最基本的警醒，从而促使我们持续不断地努力，并将我们个人和社会放在一个不断反省的氛围中。想到人自我救赎的力量，我还是感到欣慰并看到了希望。